GEOLOGIE

WISSEN HEUTE AUF EINEN BLICK

GEOLOGIE

VERLEGT BEI
KAISER

Manuel Font Altaba, Alfredo San Miguel Arribas,
Giuseppe Tanelli
Einzig berechtigte Übertragung
aus dem Italienischen: Norbert Jakober
Fachliche Beratung: Klaus Kugi

Foto auf Seite 2: Terrassenförmige Sinterablagerungen eines Geysirs
(Mammoth Hot Springs, Yellowstone National Park, USA)

Deutsche Erstausgabe

Satz: Context OEG, St. Veit/Glan
Gesamtherstellung: Giunti Industrie Grafiche S. p. A., Prato

INHALTSVERZEICHNIS

Die Erde und das Sonnensystem

Das Sonnensystem
Unsere Sonne, die neun Planeten mit ihren sechsunddreißig Monden, Tausende Asteroiden, Kometen sowie unzählige Meteoriten - dies alles ist nur ein kleiner Teil jenes Systems, das sich aus einigen hundert Milliarden Sternen zusammensetzt und das als Galaxis oder Milchstraße bezeichnet wird. Von außen betrachtet stellt sich dieses System als Scheibe dar, die im Zentrum etwas breiter als außen ist und deren Durchmesser rund 100.000 Lichtjahre beträgt. Unsere Sonne nimmt darin eher eine Position am Rande, an einem der Seitenarme der Milchstraße ein (→ 1, 2).
Die Sonne ist ein Stern von gelblicher Farbe, der durch fortlaufende Kernreaktionen gewaltige Energiemengen freisetzt und diese in den Raum abstrahlt. Auch jener Teil der Strahlung, der die Erde erreicht, ist von enormem Ausmaß: Jahr für Jahr gelangen nicht weniger als 5×10^{24}J an solarer Energie zu unserem Planeten.
Die Erde ist der dritte Planet des Sonnensystems (→ 3); ihr Durchmesser ist 109mal kleiner als jener der Sonne, ihr Volumen ist im Vergleich zur Sonne gar 1,300.000mal geringer - ein winziger Planet in der Unendlichkeit des Alls, der aber eine ganz außerordentliche Besonderheit aufweist: an seiner Oberfläche finden sich Wasser und Sauerstoff - genau jene Bedingungen, welche die Entwicklung des Lebens möglich machten.
Nach astronomischen Kategorien kann man die Erde als Kugel bezeichnen, doch in der *Geodäsie*, die eine höhere Präzision verlangt, wird sie als Ellipsoid, manchmal auch als »Geoid« bezeichnet; mit letzterem Begriff versucht man der tatsächlichen Form unseres Planeten gerecht zu werden, die am ehesten einem an den Polen abgeflachten Rotationsellipsoid entspricht.

Die Bewegung der Erde
Durch die von der Sonne ausgehende Gravitationskraft wird die Erde in der Sonnenumlaufbahn gehalten. Außerdem rotiert die Erde in west-östlicher Richtung um die eigene Achse; für eine vollständige Umdrehung benötigt sie ca. 24 Stunden. Auf dieser Rotationsbewegung beruht der Wechsel von Tag und Nacht. Gleichzeitig bewegt sich die Erde auf einer elliptischen Bahn um die Sonne, die bei einer mittleren Entfernung von 150 Millionen Kilometern in einem der Brennpunkte dieser Umlaufbahn steht. Für einen vollständigen Umlauf um die Sonne braucht die Erde 365 Tage, 5 Stunden und 48 Minuten; dabei ist sie mit einer Geschwindigkeit von 29,8 km/s unterwegs.
Die Rotationsachse der Erde ist gegen die Ebene der Erdbahn *(Ekliptik)* um 66°33' geneigt - diese Neigung ist für den Wechsel der Jahreszeiten verantwortlich. Die Schnittpunkte zwischen Äquator und Ekliptik heißen Äquinoktien (Tagundnachtgleiche); an jenen Punkten der Ekliptik, die am weitesten vom Äquator entfernt sind (23°27' nördlicher bzw. südlicher Breite), findet die Sommer- bzw. Wintersonnenwende statt.

Der Mond
Mit dem Mond besitzt die Erde einen natürlichen Trabanten, der den Planeten in einer mittleren Entfernung von 384.403 km umkreist. Der Radius des Mondes beträgt 1738 km (ein Viertel des Erdradius), seine Masse ist 81,3mal geringer als jene der Erde. Er umrundet die Erde mit einer Geschwindigkeit von 1 km/s. Für eine komplette Drehung um die eigene Achse braucht der Mond exakt die gleiche Zeit wie für einen Erdumlauf, nämlich 27 Tage, 7 Stunden, 43 Minuten und 11 Sekunden; dies erklärt, warum der Mond unserem Planeten stets dieselbe Seite zuwendet.

Der Ursprung der Erde
Seit jeher hat die Frage nach dem Ursprung der Erde die Menschheit beschäftigt; es ist daher nicht verwunderlich, daß im Laufe der Jahrhunderte immer neue Hypothesen aufgestellt wurden. Aufgrund der Erkenntnisse, die uns heute über den Aufbau unseres Planeten sowie die Verteilung der verschiedenen chemischen Elemente, die ihn aufbauen, zur Verfügung stehen, geht man davon aus, daß das Universum vor rund 15 Milliarden Jahren entstanden ist, und zwar durch eine gigantische Explosion von Materie und Energie - den Urknall.
Auch die Frage nach dem Alter der Sterne ist mittlerweile soweit gelöst, als man nachweisen konnte, daß einige von ihnen rund 11 Milliarden Jahre alt sind. Mindestens genauso alt muß folglich auch unsere Galaxis sein. Was unser Sonnensystem (und damit auch die Erde) betrifft, so können wir davon ausgehen, daß dessen Entstehung vor 4,6 Milliarden Jahren stattgefunden haben muß - und zwar mit der Kondensation einer Wolke aus Gas und Staub. Manche der auf unserer Erde gefundenen Gesteine weisen ein Alter von 2,8 Milliarden Jahren auf, einige Vulkangesteine (z. B. auf Grönland) sind sogar bis zu 3,8 Milliarden Jahre alt.
Gesteinsproben vom Mond und von Meteoriten lassen gar auf ein Alter von rund 4,6 Milliarden Jahren schließen - mindestens so alt muß also auch unser Sonnensystem sein.

Sonnensystem und Galaxis

1. Eine spiralförmige Galaxis ähnlich der unseren: sie trägt den Namen NGC 2977

2. Sternwolken und interstellare Materie lassen einen Blick ins Zentrum der Milchstraße nicht zu.

Sonne und Planeten Physikalische Daten	Sonne ☉	Merkur ☿	Venus ♀	Erde ⊕	Mars ♂	Astroiden	Jupiter ♃	Saturn ♄	Uranus ♅	Neptun ♆	Pluto ♇
Äquatorradius in km	696 000	2 439	6 052	6 378	3 396		70 850	60 000	25 400	24 300	1 100
Volumen (Erde=1) ($V_{\oplus} = 1.083 \times 10^{27} cm^3$)	1 300 000	0.06	0.88	1	0.15		1 316	755	67	57	0.1
Dichte in g/cm^3	1.4	5.4	5.2	5.5	3.9	3.5	1.4	0.7	1.3	1.8	1
Mittlere Oberflächentemperatur in °K (W=Wolken, B=Boden, BT=Boden Tag, BN=Boden Nacht)	6 000	623 BT 103 BN	240W 753 B	295B	250B		123W	93W	63W	53 W	43W
Atmosphärischer Druck in mb		10^{-9}	90 000	1 000	6						
Schwerkraft (Erde=1)	27.9	0.37	0.88	1	0.38		2.64	1.15	1.17	1.18	
Mittlere Entfernung von der Sonne in Millionen km		57.9	108.2	149.6	227.9	329±539	778.3	1 427	2 870	4 497	5 900
Entfernung der Planeten von der Erde in Millionen km		91.7	41.4		78.4		628.8	1 277.4	2 719.7	4 347.4	5 665.6
Rotationsperiode (in Stunden)	600±696	1 407	*5 832	23.93	24.62	4±17	9.84	10.24	*15.6	18.5	153
Umlaufzeit um die Sonne in Tagen (d) oder Jahren (a)		88 d	224.7 d	365.26 d	687 d		11.86 a	29.46 a	84.01 a	164.8 a	247.7 a
Bahnneigung gegen die Ekliptik (in Grad)		7.0	3.4	0	1.9		1.3	2.5	0.8	1.8	17.2
Zahl der bisher bekannten Monde		0	0	1	2		15	23	15	2	1

* rückläufige Bewegung

** Merkur und Venus in unterer Konjunktion; die übrigen Planeten in Opposition

3. Unser Sonnensystem in Zahlen

Der Planet Erde

Die Bewegung der Erde

Wie alle anderen Planeten des Sonnensystems bewegt sich die Erde im Raum. Um diese komplexe Bewegung besser studieren zu können, zerlegen wir sie in eine Reihe von einfachen Bewegungen, denen wir verschiedene Bezeichnungen zuordnen, wie z. B. *Rotation*, *Umlauf*, *Präzession* usw. Die Erde dreht sich um eine Achse, an deren Enden der geographische Nord- bzw. Südpol liegen. Die Zeit, in der sie eine volle Rotation vollführt, heißt *Sterntag* (→ 1) und beträgt genau 23 Stunden und 56 Minuten, ist also etwas kürzer als der *Sonnentag,* der genau 24 Stunden dauert. Der Rotationsbewegung verdanken wir den ständigen Wechsel von Tag und Nacht sowie die scheinbare Bewegung des Himmelsgewölbes (→ 3). Die Erde bewegt sich aber auch um die Sonne - diese Umlaufbewegung wird in den Keplerschen Gesetzen beschrieben (S. 11 → 1). Zusammen mit der Neigung der Erdachse um 66,5° zur Ekliptik ist diese Umlaufbewegung für den Wechsel der Jahreszeiten verantwortlich (→ 2). Außerdem vollführt das gesamte Sonnensystem - und damit auch die Erde - eine Spiralbewegung um das Zentrum der Galaxis. All diese Bewegungen - so gesetzmäßig sie auch sein mögen - sind doch stets geringfügigen Abweichungen unterworfen, die mit »freiem Auge« nicht wahrzunehmen sind. So bewirkt beispielsweise die Anziehungskraft des Mondes, die sich auch in den Gezeiten ausdrückt, eine Verlangsamung der Erdbewegung; folglich ist die Dauer der Tage auf der Erde in ständigem Zunehmen begriffen. Auch die Anziehungskraft der übrigen Planeten wirkt sich auf die Bewegung unseres Planeten aus. Eine dieser im Laufe der Zeit auftretenden leichten Veränderungen betrifft die Neigung der Erdachse, die auf ihrer Bahn in ca. 26.000 Jahren die Form eines Kegels beschreibt (Präzession). Während also im Jahr 3000 v. Chr. Alpha Draconis unser Polarstern war, wird dies im Jahr 7500 Alpha Cephei sein (S. 11 → 2).
Aber auch die Struktur der Erde selbst beeinflußt ihre Bewegung - so vor allem ihre variierende Dichte, die Unvollkommenheit ihrer Kugelgestalt (Abplattung an den Polen), die asymmetrische Verteilung der Landmassen, die Dynamik der an der Erdoberfläche ablaufenden Prozesse, die Dynamik des Erdinneren, elektromagnetische Vorgänge usw. Langfristig ist die Erdrotation also beträchtlichen Einflüssen und Veränderungen unterworfen.
Von besonderer Bedeutung für die Erde ist das Vorhandensein eines *Magnetfeldes,* das - so nimmt man heute an - vom Erdkern in der Art eines Dynamos ständig neu erzeugt und aufrechterhalten wird. Die *Magnetosphäre* (S. 11 → 4), also jener Bereich des Planeten, in dem das Magnetfeld seine Wirkung ausübt, reicht von ca. 100 km Höhe bis zu einer Entfernung von ca. 50.000 km, wobei die äußere Grenze als *Magnetopause* bezeichnet wird. Sie stellt einen Schutzschild gegenüber der lebensbedrohenden kosmischen Strahlung dar. Das Erdmagnetfeld kann als *Dipolfeld* beschrieben werden, wobei die Magnetachse nicht mit der geographischen Erdachse übereinstimmt; der magnetische Nordpol befindet sich zwischen 64° und 70° westlicher Länge. Auch dieses Magnetfeld weist gewisse Schwankungen auf. Daß die Magnetachse sich in ständiger Bewegung befindet, beweist die Tatsache, daß sich das Erdmagnetfeld im Laufe der Erdgeschichte schon oft umgekehrt bzw. umgepolt hat. In solchen Fällen schaltet der magnetische Nordpol quasi auf Südpol um, bis irgendwann dieser Prozeß wieder umgekehrt wird. Die Gründe für diese »unmotivierten« Umpolungen sind noch völlig ungeklärt.

Die Form der Erde

Der erste, der - ausgehend von der Annahme, daß die Erde kugelförmig sei - die Größe unseres Planeten errechnete, war der griechische Gelehrte Eratosthenes (276 bis 196 v. Chr.). Mit Hilfe einer ebenso einfachen wie genialen Methode (S. 11 → 3) gelang ihm die Berechnung des Erdumfanges. Der dabei ermittelte Wert von 39.400 km reicht erstaunlich nahe an jene 40.009,152 km heran, die das Ergebnis präziser Messungen mit Hilfe modernster Technik sind. Doch das Wissen der großen griechischen Gelehrten des Altertums geriet in Vergessenheit, und so blieb die Erforschung der Erdgestalt lange Zeit bloße Spekulation. Mit dem wissenschaftlich-technischen Fortschritt konnten zwar immer genauere Meßergebnisse erzielt werden, die aber ihrerseits neue Fragen aufwarfen. So dachte man sich innerhalb relativ kurzer Zeiträume die Erde zunächst als Kugel, dann als Rotationsellipsoid, das um seine große Achse rotiert, als abgeplattetes Rotationsellipsoid, das um seine kleine Achse rotiert, und entdeckte schließlich - nachdem die Abplattung am Südpol etwas größer ist als am Nordpol - die »Birnenform« der Erde.
Da sich nun herausstellte, daß die Erde auch von der Form eines abgeplatteten Rotationsellipsoids noch etwas abweicht und keine exakte rotationssymmetrische Figur besitzt, kam man auf den Begriff des *Geoids.* Um diese charakteristische Form unseres Planeten mit mathematischen Mitteln erfaßbar zu machen, ging man von dem

Die Bewegung der Erde

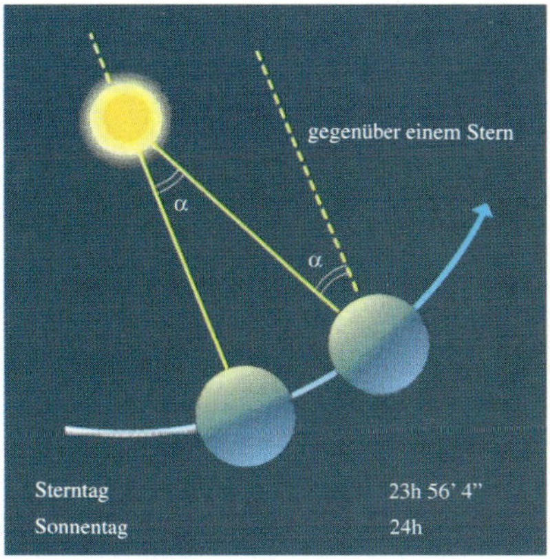

1. Aufgrund der Umlaufbewegung der Erde um die Sonne ist der Sonnentag etwas länger als der Sterntag.

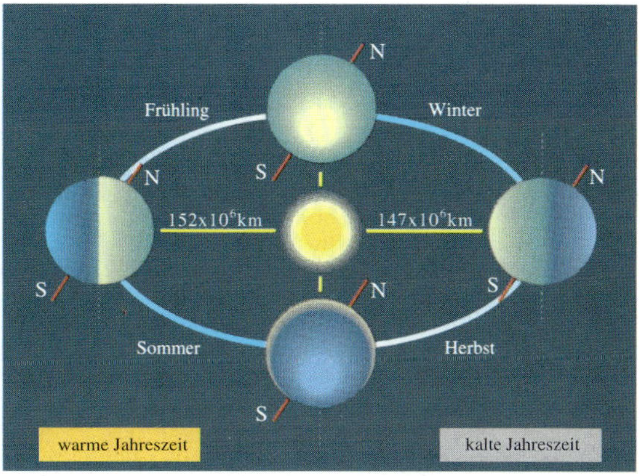

2. Zusammen mit der Neigung der Erdachse zur Ekliptik ist die Umlaufbewegung für den Wechsel der Jahreszeiten verantwortlich.

3. Die (scheinbare) vollständige Umlaufbewegung, die das Himmelsgewölbe in 24 Stunden vollführt, ist eine Folge der Rotation der Erde um die eigene Achse.

Zusammenhang zwischen Erdgestalt und Gravitationsmessungen aus. Man erhält auf diese Weise eine Gleichung, aus der sich die Form unseres Planeten rekonstruieren läßt:

$$g = A + B \sin^2 \varphi - C \sin \varphi + D \sin^2 2 \varphi + E \cos^2\varphi \, \cos 2 (\lambda+F)$$

Diese Formel stellt einige wesentliche Zusammenhänge her; so gilt u. a.: die Schwerkraft ist umso größer, je kleiner der Erdradius ist; an den Polen ist sie somit etwas größer als am Äquator. In dieser Gleichung steht A für die Gravitation am Äquator. Würde die Gleichung nur $g = A$ lauten, so wäre die Schwerkraft auf der ganzen Erde einheitlich, was bedeuten würde, die Erde wäre eine Kugel. Der zweite Ausdruck der Gleichung ($B \sin^2 \varphi$) bringt die Zentrifugalkraft ins Spiel, die sich aus der Erdrotation ergibt und die der Schwerkraft entgegenwirkt; diese Kraft ist am Äquator größer als an den Polen. B steht für die Zentrifugalkraft am Äquator, während φ die geographische Breite bezeichnet (am Äquator gilt: $\sin^2 \varphi = 0$; an den Polen: $\sin^2 \varphi = 1$). Daraus ergibt sich: die Erde ist ein Rotationsellipsoid, dessen Äquator länger ist als die Meridiane. Der dritte Ausdruck ($- C \sin \varphi$) trägt dem Umstand Rechnung, daß der Großteil der kontinentalen Massen auf der Nordhalbkugel zu finden ist; wiederum gilt: der größte Erdradius ist mit dem niedrigsten Gravitationswert verbunden; C stellt nun die mittlere Differenz zwischen den Erdradien der nördlichen und der südlichen Halbkugel dar ($- \sin \varphi = 0$ gilt am Äquator, während der Wert auf der nördlichen Halbkugel positiv, auf der südlichen negativ ist).
Die Erde hat folglich die Gestalt eines Rotationsellipsoids, dessen Symmetrieachse durch die beiden Pole verläuft. Doch es gilt noch weitere Parameter zu berücksichtigen: der nächste Ausdruck in der Gleichung trägt der uneinheitlichen Dichte des Planeten Rechnung (die Werte für $\sin^2 2 \varphi$ sind am Äquator am niedrigsten, in 45° Breite am höchsten). Der fünfte Ausdruck berücksichtigt, daß die Landmassen zwischen 90° östlicher und 90° westlicher Länge besonders »konzentriert« auftreten; diese »kontinentale« Hemisphäre weist einen größeren Radius und somit geringere Gravitation auf als die »ozeanische« Hälfte. E und F bezeichnen die Gravitationswerte bzw. -differenzen der beiden Hemisphären, während φ und λ die geographische Breite und Länge des jeweiligen Ortes darstellen; der Faktor $\cos^2 \varphi$ besagt, daß der Wert dieses Ausdrucks am Äquator am größten, an den Polen am niedrigsten ist. Die Figur, die man mit Hilfe dieser Gleichung erhält, ist jedoch nur als Annäherung zu sehen; die Formel soll theoretische Werte für die Gravitation erbringen, welche von den tatsächlich gemessenen Werten die kleinstmögliche Abweichung aufweisen. Denn wenngleich die Formel ermöglicht, die Gestalt eines Geoids nachzuvollziehen, so müssen doch einige wesentliche Faktoren unberücksichtigt bleiben - so beeinflussen z. B. Gebirge oder die Unterschiede im Gesteinsaufbau das Gravitationsfeld wesentlich, so daß dessen Messung beträchtliche Abweichungen von den durch die Formel errechneten Vorhersagen ergeben kann. Die Differenz zwischen der »theoretischen« und der tatsächlich gemessenen Gravitationskraft wird als »Gravitationsanomalie« bezeichnet. Wirklich bedeutende Abweichungen treten nur in bestimmten Zonen von außergewöhnlicher tektonischer Aktivität auf. Diese Anomalien sind insofern sogar nützlich, als mit ihrer Hilfe Aufschlüsse über die im Erdinneren herrschende Dynamik gewonnen werden können.

Die Darstellung der Erde

Aufgrund der Form der Erde ist eine wirklichkeitsgetreue geographische Abbildung, die Kontinente und Meere in ihrer exakten Form wiedergibt, unmöglich. So sind alle geographischen Karten nur Annäherungen an die tatsächlichen Formen und Größenverhältnisse. Es sind in einem bestimmten Maßstab durchgeführte Darstellungen, die einige wesentliche Bedingungen zu erfüllen haben. Drei Faktoren sind dabei von besonderem Interesse: *Längentreue, Flächentreue* und *Winkeltreue*. Es ist in der Praxis unmöglich, eine Karte zu erstellen, in der alle drei Forderungen erfüllt sind - stets erfolgt die Betonung eines der Faktoren auf Kosten der anderen.
Steht man vor der Aufgabe, eine gekrümmte Oberfläche auf einer Ebene darstellen zu müssen, so kann man die Übertragung des (gedachten) Gradnetzes mit Hilfe einer *Projektion* durchführen - d. h., man nimmt eine Lichtquelle an, welche von einer bestimmten Position aus einen transparenten, mit einem Gradnetz versehenen Globus beleuchtet.
Dieses Gradnetz stellt sich in der Projektion auf der Karte dar. Je nach Position des Projektionszentrums kann die Abbildung auf verschiedene Weise erfolgen: *orthographisch* (S. 13 → 1a) - in diesem Fall rückt das Projektionszentrum ins Unendliche; *stereographisch* (S. 13 → 1b), wobei das Projektionszentrum im Gegenpol zu jenem Punkt liegt, in dem sich Globus und Kartenebene berühren; *zentral (azimutal)* (S. 13 → 1c) mit dem Projektionszentrum im Kugelmittelpunkt und der Kartenebene tangential zur Kugel; Zentralprojektionen können außerdem als *Zylinderabbildung* (S. 13 → 1e), als *transversale Zylinderabbildung* (S. 13 → 1d) sowie als *Kegelabbildung* durchgeführt werden.

Der Planet Erde

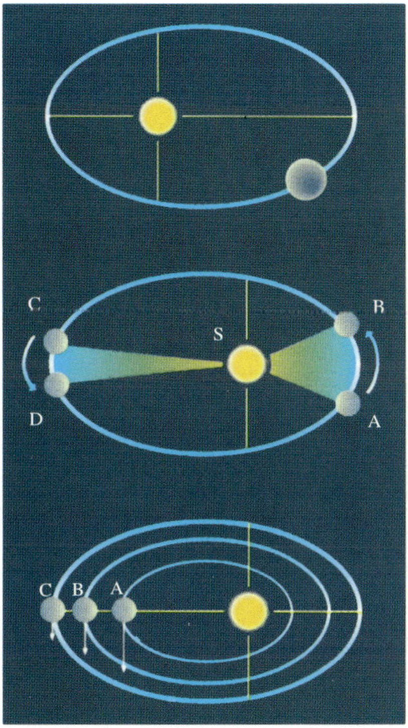

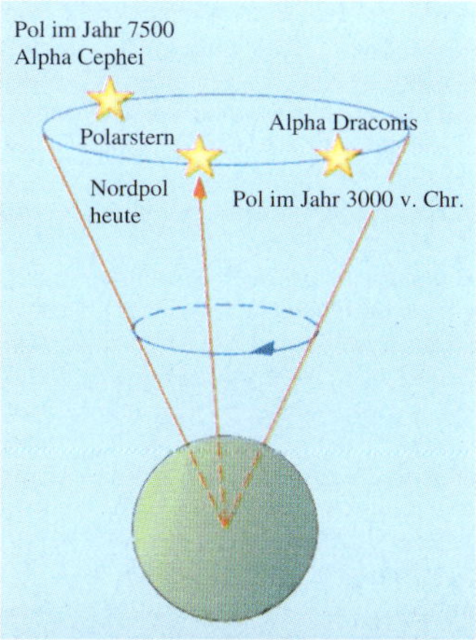

2. Schematische Darstellung der Bewegung des Himmelsnordpols: im Jahr 3000 v. Chr. »zeigte« die Erdachse in Richtung Alpha Draconis; im Jahr 7500 wird sie in Richtung Alpha Cephei zeigen.

1. Die drei Keplerschen Gesetze:
1. Die Bahnen der Planeten sind Ellipsen. 2. Der von der Sonne nach einem Planeten gezogene Radiusvektor überstreicht in gleichen Zeiten gleiche Flächen. 3. Die Quadrate der Umlaufzeiten zweier Planeten verhalten sich wie die Kuben ihrer großen Halbachsen.

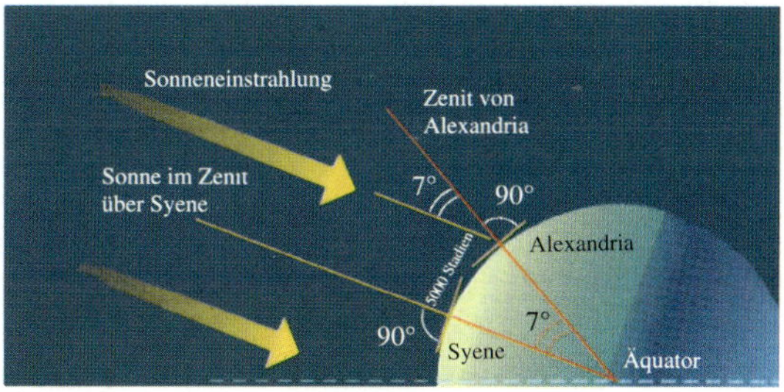

3. Die Messung des Eratosthenes ging davon aus, daß die Sonne - während sie in Syene im Zenit stand - in Alexandria etwa 7° vom Zenit entfernt war. Die Messung der direkten Entfernung der beiden (annähernd) auf demselben Meridian liegenden Orte ermöglichte Eratosthenes die Bestimmung des Erdumfangs.

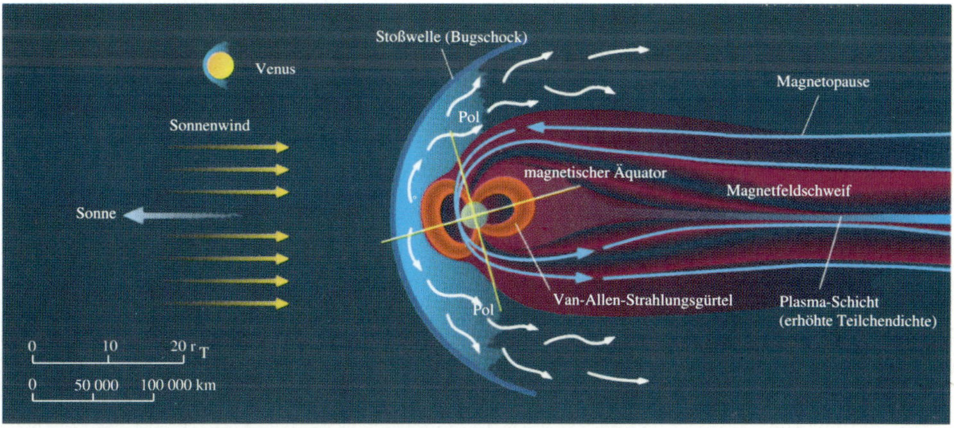

4. Schematische Darstellung der Magnetosphäre unseres Planeten (vom Sonnenwind deformiert)

In der zentralen *Horizontalprojektion* (→ 3a) sind die Meridiane als gerade Linien dargestellt, während die Breitenkreise umso stärker gekrümmt sind, je näher sie den Polen liegen. Diese Abbildungsform ist nicht winkeltreu, doch ist sie in der See- und Luftfahrt weit verbreitet, weil sie alle Großkreise - somit auch jede *Orthodrome* (= die kürzeste Verbindungslinie zweier Punkte) - als gerade Linie darstellt.
Die *orthographische Zylinderprojektion* (→ 3b) ist flächentreu; Meridiane und Breitenkreise werden als gerade Linien abgebildet.
Die *zentrale Kegelprojektion* (→ 3c) bildet die Längenkreise als gerade, konvergente Linien ab, während die Breitenkreise als konzentrische Kreisbögen dargestellt sind. Diese Projektionsform zeichnet sich durch Längentreue aus und ist - zusammen mit der orthographischen Zylinderprojektion - am häufigsten in Atlanten anzutreffen.
Für besondere Ansprüche werden auch »maßgeschneiderte« Projektionstypen entworfen, die oft langwierige mathematische Vorarbeiten nötig machen - ein Beispiel hierfür ist die *Mercator-Abbildung*, die große Ähnlichkeit mit der Zentralprojektion aufweist. Meridiane und Breitengrade werden als gerade Linien dargestellt, die sich senkrecht schneiden, wobei die Parallelkreise polwärts immer weiter auseinanderrücken.
Der Vorteil der Mercator-Abbildung liegt in ihrer Winkeltreue, ihr Nachteil in der fehlenden Flächentreue, was sich besonders in der unverhältnismäßig starken Vergrößerung der polaren Bereiche äußert.
Dennoch ist die Mercator-Karte durch ihre winkelgetreue Darstellung vor allem in der Seefahrt von großem Wert.
Es gibt aber auch Darstellungsformen, die nicht durch unmittelbare Projektion auf einen Kegel- oder Zylindermantel bzw. eine Berührungsebene entstehen, sondern die durch bestimmte an sie gestellte Bedingungen definiert sind; es handelt sich deshalb um »unechte Abbildungen«. Beispiele dafür sind die *Sanson-Flamsteed-Abbildung* (→ 3d) oder der Entwurf von *Mollweide-Babinet,* die sich durch ihre Flächentreue auszeichnen. Vor allem in der Militärkartographie - unsere Abbildung (→ 4) zeigt ein Beispiel aus Italien - ist eine bestimmte Form der transversalen Zylinderprojektion in Verwendung, die von der Gaußschen Darstellung (→ 2) abgeleitet ist.

Karten und Projektionen

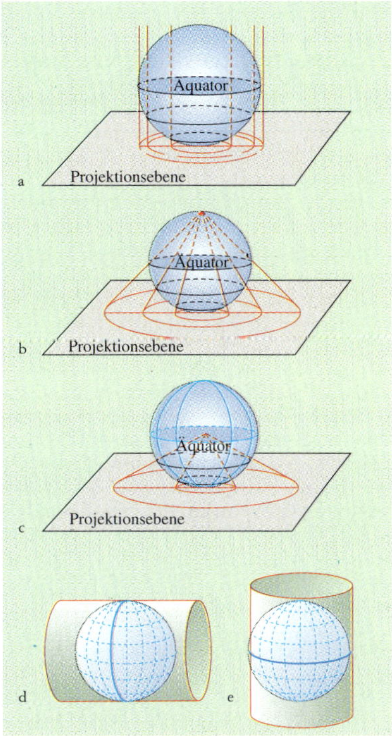

1. Projektionsformen:
a) orthographisch; b) stereographisch;
c) zentrale Azimutalprojektion; d) zentrale Zylinderabbildung (transversal);
e) zentrale Zylinderabbildung

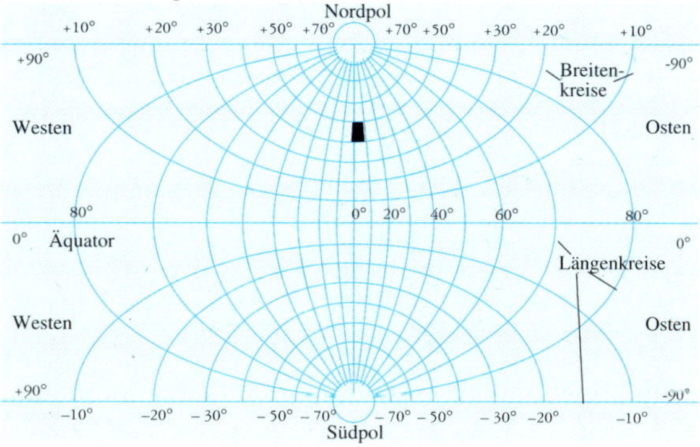

2. Projektion nach Gauß-Boaga

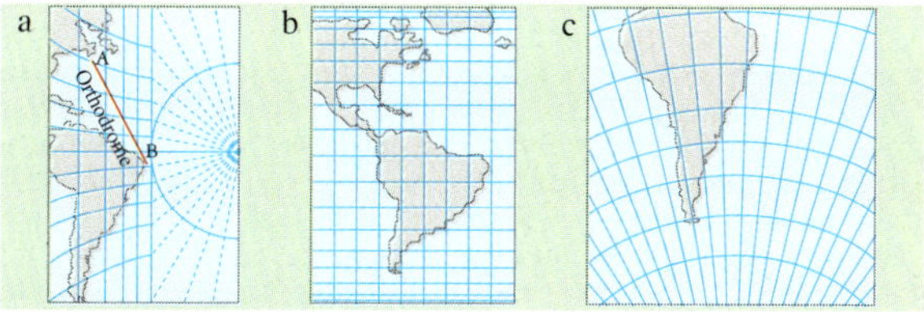

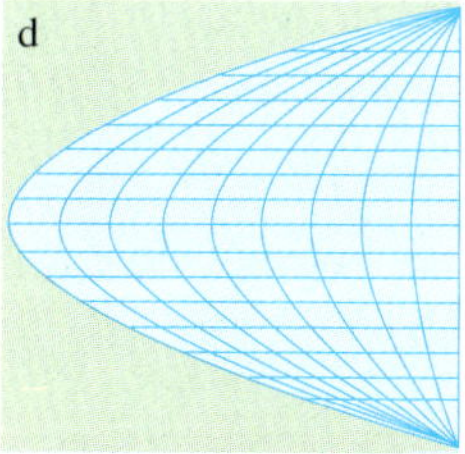

3. Projektionen:
a) zentrale Horizontalprojektion;
b) orthographische Zylinderprojektion;
c) zentrale Kegelprojektion; d) Netz der Projektion von Sanson-Flamsteed (mathematisch-analytisch)

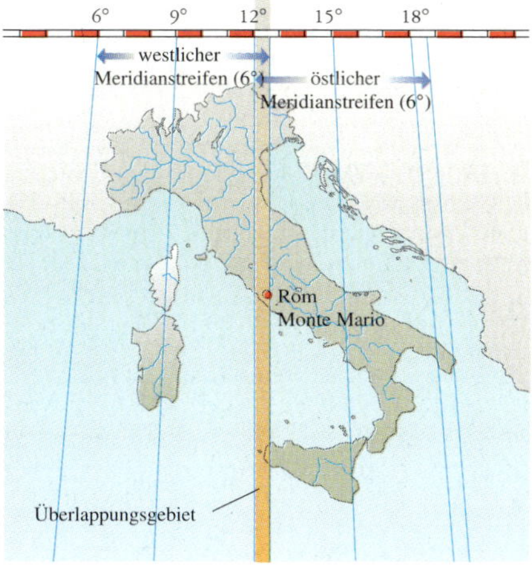

4. Beispiel für Militärkartographie (Italien)

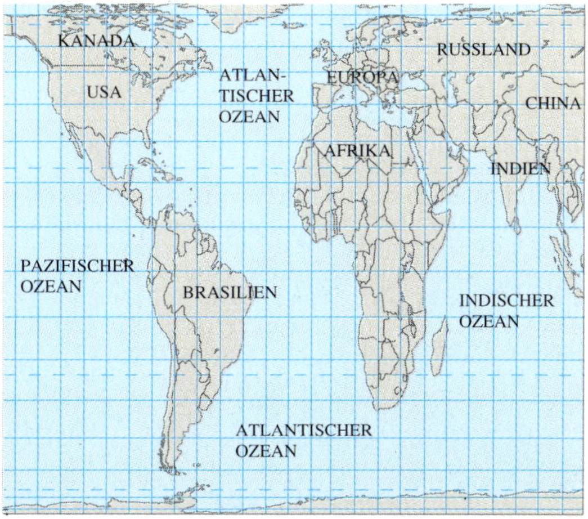

5. Projektion von Peters

Die Erde: Struktur und Aufbau

Unser Wissen über Struktur und inneren Aufbau der Erde stammt - abgesehen von den Untersuchungen, die am Oberflächengestein bzw. zum Zwecke der Erdölförderung in Tiefen bis zu mehreren tausend Metern durchgeführt werden - aus den Bereichen der Gravimetrie und der Seismologie. Die Erforschung der Fortpflanzungsgeschwindigkeit von seismischen Wellen hat zu dem Schluß geführt, daß die Erde aus mehreren Schalen aufgebaut ist: der innerste Teil in Kugelform wird vom *Erdkern* gebildet, dessen Radius ca. 3500 km beträgt; darüber liegt der 2900 km dicke *Erdmantel* und schließlich die *Erdkruste* (→ 1). Die Grenzen zwischen den einzelnen Schalen sind zum Teil durch markante Unstetigkeiten in der Dichte gekennzeichnet. So bildet die sogenannte *Mohorovičić-Diskontinuität,* deren Tiefe zwischen 10 und 70 km schwankt, die Grenze zwischen Kruste und Mantel. Eine weitere Unstetigkeit, die *Gutenberg-Diskontinuität,* trennt in ca. 2900 km Tiefe den unteren Mantel vom Erdkern. Man geht heute davon aus, daß jede dieser Unstetigkeiten in der Dichte mit einer Änderung der stofflichen Zusammensetzung verbunden ist.
Die Stärke der äußeren Erdschale reicht entsprechend dem isostatischen Gleichgewicht von ca. 60 bis 70 km (je nach Höhe der Gebirgsketten) bis zu rund 5 bis 10 km bei der ozeanischen Kruste (→ 3, 4). Die kontinentale Kruste setzt sich aus Gesteinen geringerer Dichte zusammen als die ozeanische; während die mittlere Dichte der kontinentalen Kruste bei 2,7 g/cm^3 liegt, beträgt die der ozeanischen rund 3 g/cm^3). Allerdings sind die Gesteine, welche am Aufbau der kontinentalen Kruste beteiligt sind, deutlich älter als jene der ozeanischen Kruste; während kontinentales Gestein 2,8 bis 3,6 Milliarden Jahre alt ist, reicht das Alter der ozeanischen Gesteine nicht mehr als 200 Millionen Jahre zurück.
Das »obere Stockwerk« der kontinentalen Kruste (→ 2) besteht großteils - und zwar zu genau 92% - aus magmatischem bzw. metamorphem Gestein (Granit, Schiefer und Gneis), daneben kommen auch Sedimentgesteine vor (Sandstein, Kalk und Ton). Charakteristisch für diese Oberkruste sind Gesteine aus der Granit-Familie, wie z. B. Granodiorit, die magmatischen Ursprungs sind. Über die darunterliegende dichtere Schicht, die durch dunkle basische bis ultrabasische Tiefengesteine gekennzeichnet ist, gehen die Meinungen der Wissenschaftler auseinander. Während sich in den meisten Fällen die basaltische ozeanische Kruste direkt unter den Kontinenten fortsetzt, scheint sie dort, wo sie in größere Tiefen reicht, von Amphibolit abgelöst zu werden, einem Gestein, das durch Kristallisation aus basaltischem Magma entsteht. Weiters dürften in diesem Bereich Gabbro und Eklogit zu finden sein, ebenfalls ultrabasische Plutonite (Tiefengesteine).
Die ozeanische Kruste läßt sich nach folgendem Schema aufgliedern (→ 3): ganz oben liegt eine maximal 1 km dicke lockere Sedimentschicht, gefolgt von einer zweiten, aus verfestigten Sedimenten gebildeten Schicht, die durch Einlagerung von typischen, abgerundeten Formen der *Kissenlava* gekennzeichnet sind, und schließlich eine dritte, maximal 5 km dicke Schicht, die bis zum Erdmantel reicht und - so nimmt man an - aus basischen Tiefengesteinen mit hohem Gehalt an Magnesium und Eisen, aber geringem Siliziumoxidanteil besteht. Manche Geologen vertreten die Auffassung, daß sich die ozeanische Kruste vor allem aus sehr dunklen magmatischen basischen Gesteinen wie Gabbro, Dolerit und Serpentinit zusammensetzt, wobei letzterer nichts anderes ist als ein Umwandlungsprodukt des Peridotits, der in der oberen Schale des Mantels zu finden ist.
Die obere Kruste wird wegen des Vorherrschens von Silizium und Aluminium manchmal als *Sial* bezeichnet, während für die untere Kruste mit ihrem basaltischen Magma und dem hohen Gehalt an Silizium und Magnesium die Bezeichnung *Sima* gebräuchlich ist. Die Erdkruste wird vom Mantel durch eine Unstetigkeitsfläche, die Mohorovičić-Diskontinuität, abgegrenzt. Der Mantel reicht bis in eine Tiefe von 2900 km, wo er an den Erdkern grenzt. Für den Aufbau des oberen Mantels sind ultrabasische Gesteine (Peridotit, Dunit und wahrscheinlich auch Eklogit) verantwortlich. Mit zunehmender Tiefe sind diese Gesteine in immer dichteren Formen vertreten und spalten sich schließlich im unteren Mantel in einfache Metalloxide auf. Trotz der Plastizität der Gesteine, aus denen er sich zusammensetzt, ist die Materialfestigkeit des Erdmantels insgesamt sehr wohl gegeben; besonders plastisch sind die Gesteine allerdings im Bereich der (noch im oberen Mantel liegenden) *Asthenosphäre*. Der Großteil des oberen Mantels wird mit der Erdkruste unter dem Begriff *Lithosphäre* zusammengefaßt. Der Erdkern wiederum wird von Stoffen mit äußerst hoher Dichte, wahrscheinlich Eisen und Nickel, aufgebaut, wobei der äußere Kern flüssig, der innere hingegen wahrscheinlich fest ist.

Aufbau und Struktur der Erde

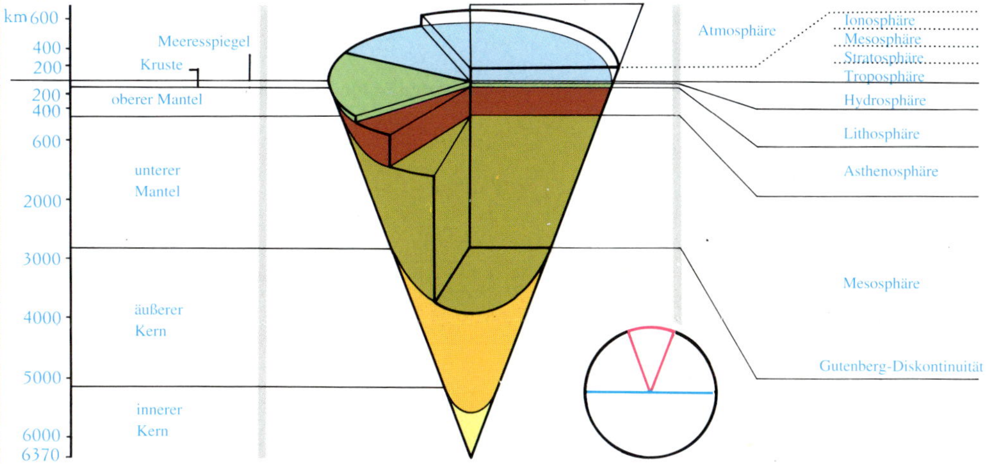

1. Struktur der Erde im Diagramm

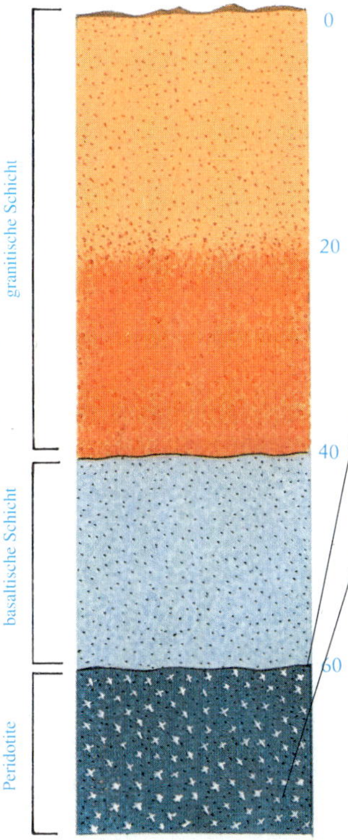

2. Zusammensetzung der kontinentalen Erdkruste

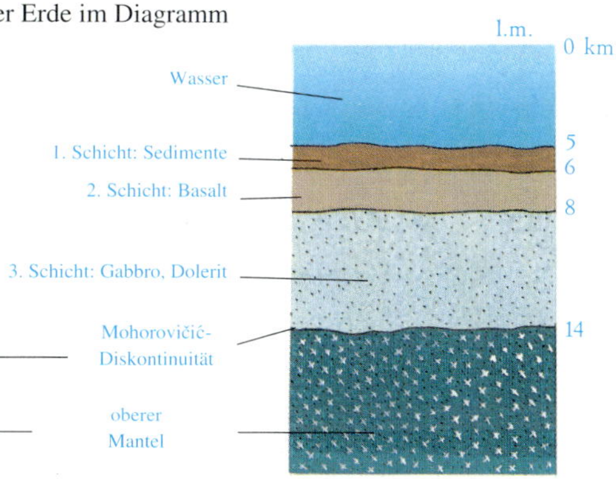

3. Zusammensetzung der ozeanischen Erdkruste

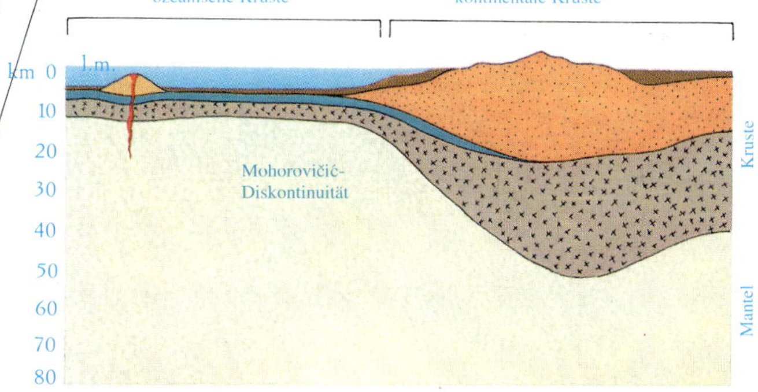

4. Ozeanische bzw. kontinentale Erdkruste

Die Geochemie

Aufbau der Materie

Die Erde ist aus vielerlei Arten von Materie aufgebaut. Die Atomphysik hat nachgewiesen, daß sich jeder Stoff unabhängig von seinem Aggregatzustand aus Elementarteilchen zusammensetzt, die als *Protonen*, *Neutronen* und *Elektronen* bezeichnet werden. Protonen und Neutronen verbinden sich zum Atomkern, der zusammen mit den Elektronen ein *Atom* des jeweiligen Elementes bildet (→ 1).

Das Atom, dessen Größe verschwindend gering ist, umfaßt also zunächst den Kern, der aus positiv geladenen Protonen und elektrisch nicht geladenen Neutronen besteht, sowie die Elektronen, die negativ geladen sind und die den Kern mit immenser Geschwindigkeit umkreisen. Dieses Modell drückt zwar nicht mehr den neuesten Stand der physikalischen Erkenntnis aus, doch ist es äußerst nützlich, um das »Verhalten« der Atome zu erklären. Das Atom läßt sich von seiner Struktur her gewissermaßen als »Sonnensystem im Miniaturformat« betrachten: im Zentrum steht (als Atomkern) die Sonne, die von ihren Planeten (den Elektronen) umkreist wird (→ 2-6).

Die über hundert heute bekannten Elemente stammen alle vom Wasserstoffatom ab und sind durch vielfältige Verbindungen von Protonen und Neutronen - mit der daraus resultierenden Zunahme an Elektronen - entstanden. Die Elektronen wiederum umkreisen den Kern nicht in gleichen Abständen, vielmehr bilden sie Gruppen, die sich in ganz bestimmten Abständen bewegen, so daß sie auf verschiedenen konzentrischen Elektronenschalen liegen.

Die Atome der Elemente schließen sich zu *Molekülen* bzw. *chemischen Verbindungen* zusammen (→ 8). *Mineralien* sind natürlich vorkommende Verbindungen, die zumeist eine bestimmte Kristallstruktur aufweisen. *Gesteine* wiederum sind Gemenge verschiedener Mineralien. Aus der Verbindung von Chemie und Geologie ist eine neue moderne Wissenschaft, die Geochemie, hervorgegangen; ihre Aufgabe ist die Untersuchung der verschiedenen chemischen Elemente, aus denen die Erdmaterie aufgebaut ist, ihre Verbreitung, die Verbindungen, die sie eingehen, sowie die Kreisläufe, denen sie unterworfen sind - kurz: das geochemische Verhalten der Elemente und die Gesetze, die diesem zugrundeliegen. Die Analyse von Tausenden verschiedenen Gesteinen und Mineralien hat ergeben, daß 98% der Erdkruste aus den Elementen O, Si, Al, Fe, Mg, Ca, Na und K aufgebaut sind, wobei allein Sauerstoff wegen seiner Atomgröße mit 92 Volumsprozent am Gesteinsaufbau beteiligt ist (→ 4). Hervorgehoben sei hier die Verbindung zwischen Silizium und Sauerstoff zum $[SiO_4]^{-4}$-Tetraeder, das aus vier $[O]^{-2}$-Atomen und einem $[Si]^{+4}$-Atom besteht. Diese für den Aufbau der Materie so fundamentale Verbindung bringt eine Reihe von Silikaten hervor, die vor allem mit Al, Fe, Mg, Ca, Na, K und H_2O weitere Verbindungen eingehen. Man kann also sagen, daß die Erdkruste zum größten Teil aus Silikaten besteht.

Geochemische Kreisläufe

Die Bewegung und Umwandlung von Stoffen der Lithosphäre vollzieht sich nach ganz bestimmten Kreisläufen. Die Gesteine sind nämlich nicht stabil, vielmehr sind sie bestimmten physikalischen und chemischen Prozessen unterworfen, die von der Tektonik und der Geochemie näher untersucht werden. Für diese *geologischen Kreisläufe* sind einerseits exogene sowie andererseits endogene Kräfte verantwortlich; zu den ersteren zählen Erosion, Stofftransporte und Sedimentation, zur zweiten Gruppe gehören Metamorphose (Gesteinsumwandlung), Orogenese (Gebirgsbildung), Plutonismus und Vulkanismus. Die Kenntnis des *geochemischen Kreislaufes der einzelnen Elemente* im Bereich der Erdkruste ist von großer Bedeutung für die Erforschung der geochemischen Vergangenheit eines Elementes.

Die gesamte Biochemie bzw. die Geochemie drehen sich vor allem um den geochemischen Zyklus von Kohlenstoff und Silizium. Man geht davon aus, daß in Tiefen von unter 700 km jenes thermodynamische Gleichgewicht besteht, nach dem - so wird angenommen - die Entwicklung der Erde letztlich strebt.

Atome und Moleküle

1. Aufbau der Materie

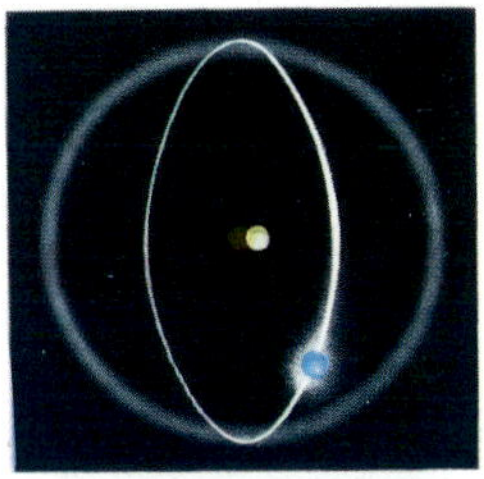

2. Wasserstoffatom

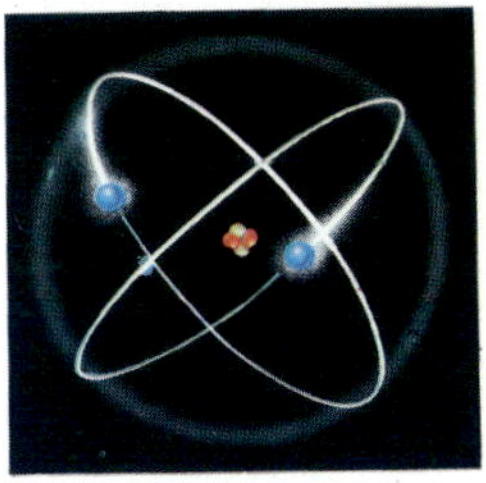

3. Heliumatom

4. Sauerstoffatom

5. Kohlenstoffatom

Element 1 = 1 Proton + 1 Elektron

Element 2 = 2 Protonen + 2 Elektronen

Element 3 = 3 Protonen + 3 Elektronen

Element 102 = 102 Protonen + 102 Elektronen

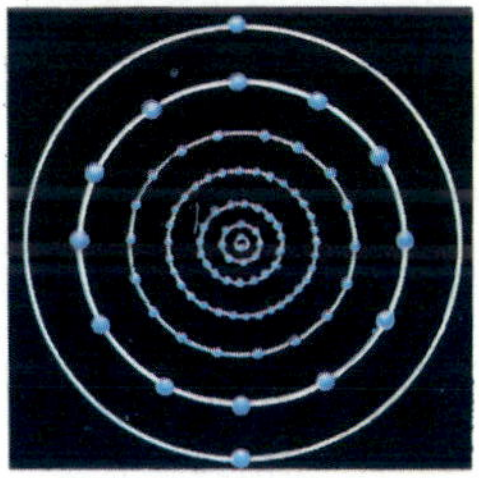

6. Uranatom

Chemische Verbindung zweier Elemente — Verbindungen — -organische -anorganische

Lebende Materie -Mineralien

Elemente
Sulfide
Halogenide
Oxide
Karbonate
Sulfate
Phosphate und Arsenate
Silikate
radioaktive Mineralien

Gemenge von Mineralien — Gesteine — Sedimente Plutonite, Vulkanite Metamorphite

7. SiO_4-Tetraeder

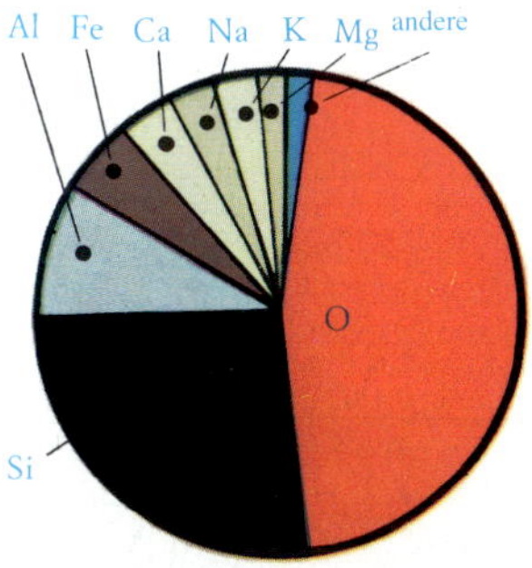

8. Gewichtsanteile der Elemente an der Erdkruste

Die Mineralogie

Die Kristallstruktur der Mineralien

Mineralien (oder *Minerale*) sind natürliche Bestandteile der Erdkruste. Sie bestehen aus einem einheitlichen Stoff, dem eine bestimmte chemische Formel zugeordnet werden kann. Mineralien können in gestaltloser (amorpher) Form auftreten oder aber als mehr oder weniger regelmäßig geformte Polyeder (Kuben, Oktaeder, Prismen), die man als *Kristalle* bezeichnet. Während nun in einem nichtkristallisierten Stoff die kleinsten Teilchen (Atome, Ionen, Moleküle) ungeordnet (d. h. in unregelmäßigen Abständen) gelagert sind, ist bei einem Kristall die Struktur der Elementarteilchen durch eine von außen erkennbare symmetrische Ordnung (Symmetrieachsen und -ebenen) in Form eines Kristallgitters bestimmt.
So ist beispielsweise beim Steinsalz (→ 1), das aus Chlor- und Natriumionen aufgebaut ist, jedes Natriumion von sechs Chlorionen umgeben; umgekehrt ist auch jedes Chlorion von sechs Natriumionen umgeben. Wenn man sich die Ionen als kugelförmige Teilchen vorstellt, so wird Steinsalz von zwei Arten von Kristallteilchen aufgebaut, wobei die einen (Natrium) positiv, die anderen (Chlor) negativ geladen sind. Während die Natriumteilchen in der Elementarzelle die Ecken und den Mittelpunkt der Seitenflächen des Kristallwürfels einnehmen, sind die Chlorteilchen jeweils in der Mitte der Kanten sowie im Zentrum des Würfels angeordnet. Dieses Schema liegt der Kristallstruktur von Steinsalz zugrunde.
In seiner amorphen Form, in der Steinsalz in den großen Salzvorkommen zu finden ist, läßt es diese Kristallstruktur nicht erkennen; sehr wohl aber trifft man diese Struktur, die nicht nur für die charakteristische Symmetrie sorgt, sondern auch die Maße der Flächen und Kanten des würfelförmigen Kochsalzkristalls eindeutig bestimmt (→ 2); dieselben Symmetrieachsen und -ebenen, die wir an diesem Kristallwürfel finden, weisen auch die kleinsten aus Chlor- und Natriumionen aufgebauten Würfel auf ($5{,}628 \cdot 10^{-8}$ cm Kantenlänge), aus denen ein Kristall besteht, man nennt sie Elementarzellen.
Die charakteristische Symmetrie eines Kristalls wird bestimmt durch die Lage der Symmetrieachsen, der Symmetrieebenen sowie des Symmetriezentrums (→ 3). Dies sind die Kriterien, nach denen die Kristalle in verschiedene *Systeme und Klassen* eingeteilt werden.
Jedes kristallisierte Mineral ist aus einer bestimmten Anzahl von Flächen (bzw. Kanten und Ecken) zusammengesetzt, die entsprechend der für dieses Mineral charakteristischen Symmetrie angeordnet sind und so ein mehr oder weniger regelmäßiges Polyeder bilden.
Je nach ihren Symmetrieeigenschaften werden die verschiedenen Kristalle in 32 *Kristallklassen* eingeteilt. Nach ihren Haupteigenschaften lassen sich diese 32 Klassen noch einmal in 7 Kristallsysteme unterteilen: *kubisch, hexagonal, tetragonal, trigonal (rhomboedrisch), rhombisch, monoklin* und *triklin*. Jedes dieser Systeme stellt eine bestimmte Kombination von Symmetrieelementen dar, die in allen Kristallformen dieses Systems anzutreffen sind.
Als charakteristische Symmetriemerkmale der einzelnen Systeme wären zu nennen: beim kubischen System die Kombination von vier dreizähligen Achsen; beim tetragonalen eine vierzählige Drehachse; beim hexagonalen eine sechszählige Achse; beim trigonalen eine dreizählige Symmetrieachse; beim rhombischen drei zweizählige Achsen; beim monoklinen System eine zweizählige Achse; und beim triklinen schließlich nur ein Symmetriezentrum, und zwar in der pinakoidalen Klasse. Außer diesen Drehachsen als grundlegenden Symmetrieelementen können Kristallformen noch zusätzlich Symmetrieebenen und -zentren besitzen bzw. auch Kombinationen davon, wobei Zahl und Position dieser Elemente stets von der jeweiligen Symmetrie abhängig ist.
Nur selten trifft man in der Natur Einzelkristalle an; häufig treten sie in Verbänden auf, den sogenannten *Kristallaggregaten*, die sich entweder auf zufällige Weise oder aber nach bestimmten Gesetzen bilden. Unregelmäßige Aggregate sind beispielsweise Geoden und Stalaktiten; zu den regelmäßigen Aggregaten gehören z. B. die beim Gips häufig vorkommenden Kristallzwillinge (S. 33 → 1). Die Mineralien sind die Grundbausteine der Gesteine; aus diesen wiederum ist die Erdkruste aufgebaut.

Die verschiedenen Mineralien sind jedoch nicht gleichmäßig in der Erdkruste verteilt; während Quarz sowie verschiedene andere Silikate 95% der Gesteine auf unserem Planeten bilden, kommen die anderen Mineralien zumeist in Anhäufungen von nicht allzu großem Umfang vor, die als Lagerstätten bezeichnet werden. Aus solchen Mineralvorkommen werden - sofern sie von abbauwürdiger Größe sind - Metalle, Mineralien und Gesteine gewonnen, die in der metallverarbeitenden Industrie und im Bauwesen Verwendung finden. Man unterscheidet Erzlagerstätten, aus denen man die Metalle gewinnt, und Lagerstätten von Nichtmetall-Mineralien. Im folgenden wollen wir uns sowohl mit gesteinsbildenden Mineralien befassen als auch mit jenen, die wirtschaftlich von Bedeutung sind.

Der Kristall des Steinsalzes

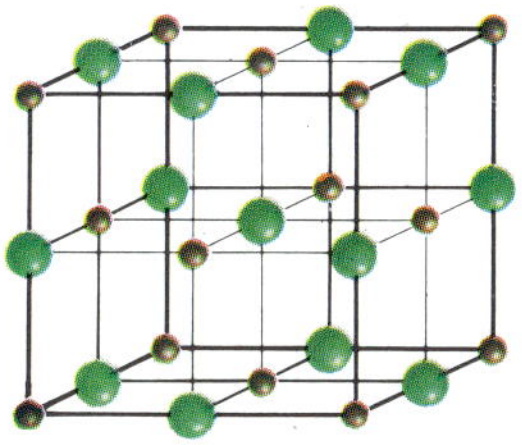

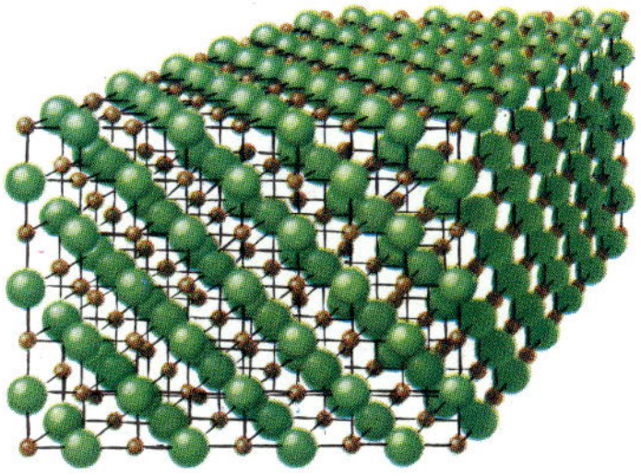

1. Steinsalzkristall: von links: Ionenanordnung - Kristallgitter - Aufbau des Kristalls. Die Natriumionen sind braun dargestellt, die Chlorionen grün.

2. Der würfelförmige Kristall des Steinsalzes

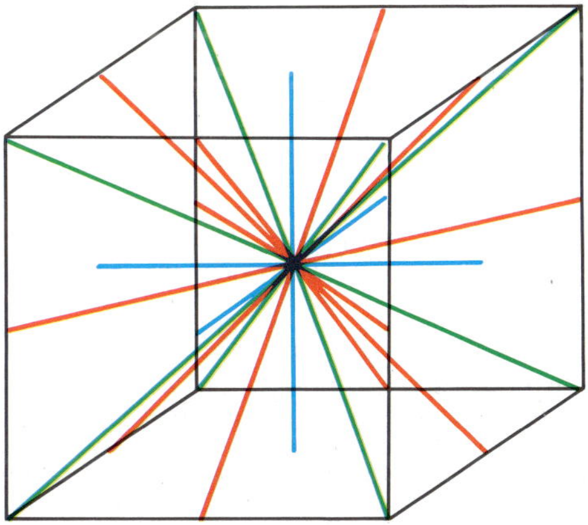

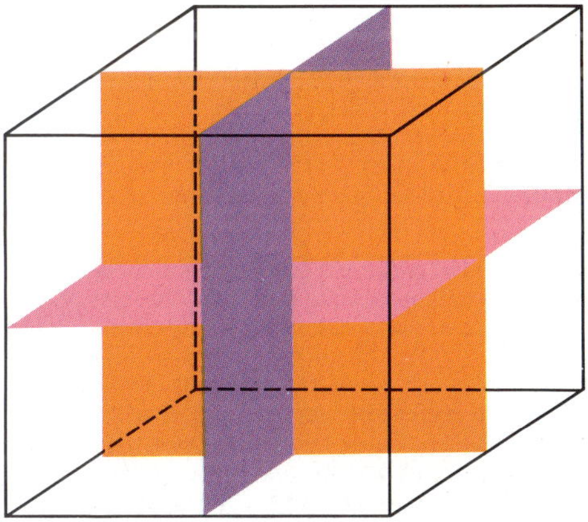

3. Steinsalzkristall: Symmetrieachsen (li.) und Symmetrieebenen

Die gesteinsbildenden Mineralien

Eines der am häufigsten in der Erdkruste vorkommenden Minerale ist der *Quarz*, der als wesentlicher Bestandteil der Erstarrungs-, Sediment- sowie der Umwandlungsgesteine anzusehen ist. Bisweilen bildet er Adern von größerem Ausmaß, die auch die schönsten Quarzkristalle aufzuweisen haben. In alpinen Klüften und Geoden findet man gelegentlich Aggregate bzw. Drusen mit herrlichen Kristallen. Quarz kristallisiert im trigonalen System, wobei die tatsächliche Kristallflächenrelation (der Habitus) je nach Entstehungsbedingungen unterschiedlich ist. Der *Bergkristall* und *Rauchquarz* kommt in Prismenform bzw. mit Endflächen einer sechsseitigen Doppelpyramide vor, während der *gemeine Quarz* keine Kristalle ausbildet (→ 1). Quarzkristalle kommen zumeist als sogenannte Durchdringungszwillinge vor, d. h. zwei Individuen sind so innig miteinander verwachsen, daß sie den Habitus eines Einzelkristalls annehmen.
Der Quarz ist zwar in seiner Grundform farblos und völlig durchsichtig, doch können Quarze in vielen verschiedenen Farben vorkommen und bisweilen - wie der *Milchquarz* - eher trüb erscheinen. Quarz ist optisch aktiv (einachsig); die Polarisationsebene der in der Richtung der Hauptachse durchgehenden Lichtstrahlen wird entweder nach links oder nach rechts gedreht.
Quarz ist von großer mechanischer Härte (H. 7) und chemischer Widerstandsfähigkeit. Wegen seines piezoelektrischen Effekts eignet er sich zur Steuerung von Sendern und Uhren. Quarz ist chemisch gesehen Siliziumdioxid, SiO_2. Durch Spuren von Beimengungen ergeben sich die charakteristischen Farbtöne mancher Arten. Chemisch gelöst werden kann Quarz nur von Flußsäure HF.
Folgende Varietäten des Quarzes sind von wirtschaftlicher Bedeutung: *Amethyst, Chalzedon, Achat, Onyx* und *Karneol* (→ 3), der als Schmuckstein sehr beliebt ist; weiters sind *Jaspis* und *Feuerstein* zu erwähnen. Dagegen ist der amorphe *Opal* kein Quarz im eigentlichen Sinn; er ist durch Eintrocknen von Kieselgel entstanden und enthält noch zwischen 1 und 21% Wasser. Besonders der *Edelopal* wird als Schmuckstein sehr geschätzt.

Feldspat. Unter diesem Namen werden eine Reihe von Mineralien zusammengefaßt, die morphologisch sowie nach ihren physikalischen Eigenschaften große Ähnlichkeiten aufweisen. Die Feldspate, die vor allem innerhalb der magmatischen Gesteine eine große Rolle spielen, lassen sich nach ihrer Entstehungsart in zwei Untergruppen einteilen: jene Arten, die monoklin und jene die triklin kristallisieren. Der *Orthoklas* (Kalifeldspat) ist wohl der bedeutendste Vertreter der monoklinen Gruppe. Oft bildet er Durchdringungszwillinge (z. B. die bekannten Karlsbader Zwillinge). Farblich reicht die Bandbreite von farblos und durchsichtig (wasserklar) über trüb-weiß, gelblich bis zu fleischfarben. Von den verschiedenen Arten des Feldspats sind vor allem folgende zu nennen: der *gemeine Kalifeldspat*, die am häufigsten vorkommende Varietät; der *Adular*, ein K-Aluminium-Silikat von glasklarer Erscheinung und rhomboedrischer Kristalltracht, das besonders häufig in alpinen Klüften anzutreffen ist; in jungvulkanischen Gesteinen, die durch besonders rasche Abkühlung der Silikatschmelze entstanden sind, ist der Kalifeldspat als *Sanidin* ausgebildet, ein glasig aussehender Kristall, der beträchtliche Mengen an Natrium enthält.
Die wichtigsten triklinen Formen des Feldspats sind *Mikroklin* und *Plagioklas*. Der Mikroklin, ebenfalls ein Kalifeldspat, ist dem Orthoklas morphologisch sehr ähnlich, so daß die beiden oft schwer zu unterscheiden sind. Erst unter dem Mikroskop zeigt sich seine charakteristische Gitterstruktur. Zu dieser Gruppe gehört der als Schmuckstein geschätzte tiefgrüne *Amazonit* (→ 2). Die *Plagioklase* bestehen aus einer Mischung von Na-haltigem *Albit* und Ca-haltigem *Anorthit*, d. h. zwei verschiedene Stoffe bilden gleichartige Kristalle (Isomorphie). Es bildet sich stets eine Mischkristall-Reihe, die mit reinen Ca-Feldspaten beginnt und über Ca-Na-Kristalle zu reinen Na-Feldspaten führt. Die Mineralien dieser Gruppe sind farblos oder weiß. Die vielfach wiederholte Zwillingsbildung verleiht den Plagioklasen oft ein streifiges Aussehen.

Glimmer. Die Mineralien dieser Gruppe kristallisieren im monoklinen System in sechseckigen Tafeln. Charakteristisch für den Glimmer ist seine besondere Spaltbarkeit, wobei biegsame, elastische Blätter entstehen. Aufgrund dieser Eigenschaft sowie seiner verschwindend geringen elektrischen Leitfähigkeit wurde der Glimmer häufig als Isoliermaterial in elektrischen Geräten verwendet. Chemisch gesehen sind die Glimmer-Mineralien basische Ka-Al-Silikate, wobei in den dunkleren Varietäten Magnesium und Eisen statt des Aluminiums vorhanden sind.
Jene Glimmer-Formen, die Eisen enthalten, weisen einen starken Pleochroismus auf (d. h. die Farben und Farbtiefen sind in verschiedenen Richtungen unterschiedlich, was auf eine ungleiche Absorption des Lichts zurückzuführen ist). Glimmer ist ein wesentlicher Bestandteil von metamorphen Gesteinen, wie etwa Gneis, Glimmerschiefer usw., und eines der Hauptelemente in Erstarrungsgesteinen (Magmatiten). Die Hauptvertreter dieser Gruppe sind der Muskovit und der Biotit.
Der *Muskovit* (Kaliglimmer) ist farblos bis grünlichgelb. Im Gegenlicht erscheint er durchsichtig;

Rauchquarz - Karneol

1. Rauchquarz. Quarz ist wohl das am weitesten verbreitete und auch am häufigsten vorkommende Mineral der Erdkruste. Somit ist es ein wesentlicher Bestandteil vieler Gesteine. Der bräunliche Farbton des Rauchquarzes ist durch natürliche Radioaktivität entstanden.

2. Amazonit - dieses grünliche bis tiefgrüne Mineral, das im triklinen System kristallisiert, gehört zur Gruppe der Feldspate, die wesentlich am Aufbau vieler Intrusivgesteine beteiligt sind.

3. Karneol - dieser Vertreter der Achate aus der Quarz-Gruppe ist ebenso wie der Onyx als Schmuckstein sehr beliebt.
Der Karneol kommt in hellroter bis blutroter Farbe vor.

charakteristisch ist außerdem sein perlmuttartiger Glanz. Der Muskovit, der besonders häufig in Pegmatiten vorkommt, wird zu verschiedenen Zwecken industriell genutzt.
Der *Biotit* (Magnesiumglimmer) ist dunkelbraun bis schwarz; vom Muskovit unterscheidet er sich außer in der Farbe noch durch seinen starken Pleochroismus. Biotit ist Hauptgemengteil (d. h. der wesentliche Bestandteil) vieler Intrusiv- oder Tiefengesteine.

Pyroxene. Diese Gruppe kristallisiert im monoklinen oder rhombischen System und bildet kurze, säulenförmige Kristalle. Charakteristisch für die Pyroxene ist, daß ihre Spaltflächen und Spaltrisse beinahe rechte Winkel bilden. Die monoklinen Pyroxene sind Ca- und Mg-haltige Metasilikate, wie z. B. der *Diopsid* (→ 1) oder auch der *Augit.* Die Farbe variiert zwischen Hell- und Dunkelgrün. Pyroxene sind optisch zweiachsig und weisen keinerlei Pleochroismus auf; eine Ausnahme bilden allerdings die stark eisenhaltigen Pyroxene, die sich - wie z. B. manche Formen des Augits - durch ihren Pleochroismus und ihre pechschwarze Farbe auszeichnen. Augit ist häufig in basischen Erstarrungsgesteinen anzutreffen. Seine eisenhaltigen Varietäten kommen in vielen vulkanischen Gesteinen vor. Diopsid wiederum ist vor allem in metamorphen Gesteinen zu finden.

Amphibole. Diese Mineralgruppe ist den Pyroxenen sehr ähnlich. Die Kristallisation erfolgt ebenfalls monoklin oder rhombisch, der Unterschied liegt einerseits im starken Pleochroismus sowie in den Spaltrissen, die einen Winkel von 120° bilden. Ein weiterer Unterschied sind die OH-Gruppen in der Struktur der Amphibole. Die wichtigsten monoklinen Amphibole sind Aktinolith, Tremolit und Hornblende.
Der *Aktinolith* (→ 2) und der *Tremolit* kommen häufig in Schiefergestein vor. Der Tremolit ist weißgrau oder hellgrün und schwach eisenhaltig, der Aktinolith hingegen ist dunkelgrün und stark eisenhaltig.
Die besonders feinfaserige Form des Amphibols, der sogenannte *Hornblendeasbest*, wird wegen seiner Hitzebeständigkeit technisch genutzt.
Die *Hornblende* (→ 3) ist ein wesentlicher Bestandteil vieler basischer Magmatite und kristalliner Schiefer (wie dem Amphibolit). Typisch für die Hornblende ist ihr glasiger Schimmer und ihre grünschwarze Farbe.
Olivin (→ 4). Dieses Mineral ist wesentlich an der Bildung vieler basischer und ultrabasischer Magmatite beteiligt; es ist der Hauptbestandteil des Peridotits und kommt etwas seltener auch in verschiedenen durch Gesteinsumwandlung entstandenen kristallinen Schiefern vor. Der Olivin kristallisiert im rhombischen System; seine Farbe variiert zwischen flaschengrün und dunkelgrün, zuweilen kommt er jedoch auch gelblich, braun oder farblos vor, je nach seiner chemischen Zusammensetzung. Der Olivin ist eine isomorphe Mischung aus den Mineralien *Fosterit* (Mg_2SiO_4) und *Fayalit* (Fe_2SiO_4). Die Formel des Olivins lautet folglich $(MgFe)_2SiO_4$, wobei das Verhältnis Mg:Fe nicht feststehend ist.

Turmalin. Unter dieser Bezeichnung wird eine Gruppe von Borosilikaten zusammengefaßt. Turmalin kristallisiert im trigonalen System und ist durch langgestreckte Kristalle gekennzeichnet. Er kann in den verschiedensten Farben auftreten, wobei Schwarz und Dunkelgrün besonders häufig sind. Optisch gesehen ist er einachsig und zeigt einen ausgeprägten Pleochroismus.
Turmalin tritt oft in Verbindung mit Granitgestein auf; im Pegmatit wiederum kommt er in gesetzmäßiger Gemeinschaft (Paragenese) mit dem Quarz vor, was auf große Ähnlichkeit bei der Entstehung zurückzuführen ist. Auch in einer ganzen Reihe von metamorphen Gesteinen ist Turmalin zu finden. Einige seiner Varietäten sind als Schmucksteine sehr beliebt.

Beryll. Die Mineralien dieser Gruppe sind Aluminium-Beryllium-Silikate. Sie kristallisieren hexagonal und bilden dabei meist langgestreckte Prismen. Die Farbenpalette des Berylls reicht von grünlichweiß bis tiefgrün, wobei manche Vertreter durchsichtig, andere wieder trüb bzw. undurchsichtig sind. Er kommt vor allem in Pegmatitgängen granitischer Gesteine sowie in metamorphen Gesteinen vor.
Der *Edelberyll* ist durch seine ansprechende Farbe und seine Transparenz ein hochgeschätzter Schmuckstein. Besonders bemerkenswerte Formen des Edelberylls sind der leuchtend grüne *Smaragd* und der *Aquamarin* (→ 1), der von Gelb über Grün bis Himmelblau in verschiedenen Farben auftreten kann.

Granat. In dieser Gruppe sind Silikate von verschiedener chemischer Zusammensetzung vereint, die im kubischen System in Form von Rhombendodekaedern bzw. Trapezoedern kristallisieren. Sie treten als einzelne Kristalle auf, die bisweilen von enormer Größe sind und ein Gewicht von bis zu 100 Kilogramm erreichen können. Granat kommt in Gneis, Glimmerschiefer und sehr oft in Sanden vor (→ 2). Außer in Blau kann Granat in allen Farbtönen auftreten, am häufigsten jedoch dunkelrot. Manche Varietäten sind durchsichtig, andere wieder undurchsichtig (opak), wobei sie stets einen glasigen Glanz aufweisen. Granat kommt in verschiedenen Gesteinstypen vor, besonders aber in metamorphen Gesteinen. Zu den wichtigsten Formen gehören:

Diopsid - Olivin

1. Diopsid - dieses Mineral von grünlicher Farbe gehört zur Gruppe der Pyroxene; Diopsid ist ein typischer Bestandteil von metamorphen Gesteinen.

2. Aktinolith - dieses Mineral der Amphibol-Gruppe ist häufig in Schiefergestein anzutreffen; es zeichnet sich durch seinen hohen Eisengehalt aus.

3. Hornblende - dieses Mineral ist wesentlich am Aufbau einer Reihe von sauren Eruptivgesteinen und kristallinen Schiefern beteiligt. Die Kristalle der Hornblende sind von grünschwarzer Farbe.

4. Olivin - die Mineralien dieser Gruppe sind wesentlich am Aufbau vieler basischer und ultrabasischer Magmatite beteiligt. Olivin ist Hauptgemengteil der Peridotite.

der *Grossular,* der farblos, aber auch rot und gelblich anzutreffen ist;
der *Andradit,* der vor allem braun oder schwarz vorkommt und sich durch seinen Harzglanz auszeichnet;
der *Melanit,* eine grauschwarze, titanhaltige Varietät des Andradits, kommt häufig in vulkanischen Gesteinen vor;
der blutrote *Pyrop,* auch »Böhmischer Granat« genannt, ist als Schmuckstein sehr beliebt;
der rot bis braun getönte *Almandin* ist oft eingewachsen in Gneis oder Glimmerschiefer zu finden;
und schließlich der *Spessartin,* der in den Farben Gelb, Orange bis Braun vorkommt.

Verschiedene andere Silikate. Neben den bisher beschriebenen Mineralien findet man in Erstarrungs- und Umwandlungsgesteinen noch eine ganze Reihe weiterer Silikate:

Der *Topas* (→ 3), ein fluorhältiges Aluminiumsilikat, das im rhombischen System kristallisiert, bildet anmutige prismenförmige Kristalle von beträchtlicher Härte. Er ist zumeist farblos bis gelblich, tritt aber auch in vielen anderen Farbtönen auf. Geschätzter Edelstein.

Der *Epidot*, wegen seiner grünen Farbe oft *Pistazit* genannt, kommt sehr häufig in magmatischen und metamorphen Gesteinen vor.

Der *Zirkon*, ein Zirkoniumsilikat, kristallisiert im tetragonalen System in kurzsäuligen Prismen und ist häufig in Sanden (sogenannten Seifen) anzutreffen. Für gewöhnlich von brauner Farbe, zeigt der Zirkon einen Glasglanz. Die durchsichtige Varietät, der *Edelzirkon,* ist in zwei Formen anzutreffen - der gelbrote *Hyazinth* sowie der farblose bis gelbliche *Jargon,* die beide als Schmucksteine sehr beliebt sind.

Aquamarin - Magnetit

1. Aquamarin - eine Varietät des Berylls, deren Farbenpalette von Gelb über Grün bis Himmelblau reicht. Jene Exemplare, bei denen sich ansprechende Farbgebung mit hoher Transparenz vereint, sind als Edelsteine überaus begehrt.

2. Granat - die Mineralien dieser Gruppe kristallisieren kubisch in Form von Rhombendodekaedern oder Trapezoedern. Granat kommt am häufigsten in dunkelroter Färbung vor.

3. Topas - dieses Mineral bildet prismenförmige Kristalle von beträchtlicher Härte. Am häufigsten tritt der Topas in gelblichen Farbtönen auf.

4. Magnetit - eines der wichtigsten Eisenerze, kommt in magmatischen Gesteinen in körniger Form vor, in Erzlagerstätten hingegen in kompakten Einheiten. Hier in Form eines Oktaederkristalls.

Die Mineralien der Erzlagerstätten

Erzbildende Mineralien

Eisenerze. Nach Sauerstoff, Silizium und Aluminium ist Eisen mit einem Anteil von 4,75% das vierthäufigste Element der Erdkruste. Es kommt sehr häufig in verschiedenen Silikaten vor, doch abbauwürdige Lagerstätten der wichtigsten Eisenerze sind eher selten; von wirtschaftlicher Bedeutung sind vor allem *Magnetit, Hämatit, Limonit* und *Siderit.*

Der *Hämatit,* Fe_2O_3, ist ein Eisenerz, das bereits seit sehr langer Zeit vom Menschen abgebaut und genutzt wird. Reiner Hämatit enthält bis zu 70% Eisen. Der *Limonit* (→ 1), FeOOH, jenes Eisenerz, das am häufigsten im Oberflächengestein vorkommt, hat einen Eisengehalt von 59,9%. Der *Magnetit* (→ 4), Fe_3O_4, ist mit einem Eisengehalt von bis zu 72% das hochwertigste Erz. Der *Siderit,* $FeCO_3$, der ebenfalls häufig abgebaut wird, enthält bis zu 48% Eisen.
Der Magnetit kristallisiert im kubischen System und bildet Oktaeder von dunkelgrauer Farbe und metallischem Glanz. In Erstarrungsgesteinen tritt dieses magnetische Erz in körniger Form auf, in den Erzlagerstätten hingegen bildet es kompakte Körper von grauschwarzer Farbe.
Der Hämatit kristallisiert im trigonalen System und bildet anmutige Kristallverbände von grauschwarzer metallisch schimmernder Farbe. Eine seiner Varietäten ist die *Eisenrose* mit ihren typischen rosettenartigen Kristalltafeln, wie man sie u. a. auf der Insel Elba findet. Die erdige Form des Hämatits ist der als Farbstoff verwendete *Rötel.* Eine andere Varietät, der *Eisenglimmer,* tritt als dünnblättriges Kristallaggregat auf, wodurch er dem Graphit ähnelt.
Der *Pyrit,* FeS_2, wird wegen seines hohen Schwefelgehaltes zur Erzeugung von Schwefelsäure verwendet. Er kristallisiert im kubischen System hauptsächlich in Pentagondodekaedern, wobei er häufig Durchdringungszwillinge bildet. Andere schwefelhaltige Mineralien sind der *Pyrrhotin,* Fe_8S_9, und der *Markasit,* FeS_2.
Die oberen Schichten der Pyrit-Lagerstätten sind den atmosphärischen Einflüssen und damit der Verwitterung ausgesetzt; in diesem obersten Bereich der Lagerstätte, der Oxidationszone, bildet sich der *Limonit* als sogenannter »Eiserner Hut« des Erzkörpers (→ 1).

Kupfererze. Schon in der Antike war Kupfer als Rohstoff bekannt; heute wird es vor allem wegen seiner Eigenschaft als elektrischer Leiter geschätzt. Aus Kupfer und Zinn erhält man Bronze, eine Legierung, die in der Antike zur Herstellung von Waffen und Haushaltsgeräten verwendet wurde. Die wichtigsten primären Kupfererzmineralien sind der *Kupferkies* (→ 2), $CuFeS_2$, sowie andere Sulfide des Kupfers. Im Verwitterungsbereich von Kupfererzlagerstätten findet man die Sulfide *Kupferglanz,* Cu_2S, und *Covellin,* CuS, sowie die Karbonate *Malachit* (→ 3), $Cu_2CO_3\,(OH)_2$, und *Azurit,* $Cu_3\,(CO_3)_2\,(OH)_2$.
Der *Kupferkies* kristallisiert in kleinen tetragonalen Kristallen. Er kommt zumeist - zusammen mit anderen Kupfer- und Eisenerzmineralen, u. a. dem Pyrit - in derben Massen vor, wie dies beispielsweise in den Kupfervorkommen Arizonas und Chiles der Fall ist. Kupferkies zeigt ein gewisses Schillern, er ist messinggelb mit leichtem Grünstich. Er ist nicht nur die am häufigsten vorkommende, sondern auch die wirtschaftlich wichtigste Kupferverbindung.
Der *Malachit* kristallisiert monoklin, kommt aber zumeist in derben, unförmigen gebänderten Aggregaten vor. Seine Farbenpalette reicht von Smaragdgrün bis Schwarzgrün.
Oft ist er in der Oxidationszone von Kupfererzlagerstätten anzutreffen. Auch dem Malachit kommt eine gewisse wirtschaftliche Bedeutung als Schmuckmineral zu, wobei die größten Vorkommen auf dem afrikanischen Kontinent zu finden sind.

Zinkerze. Zink, ein grauweißes Metall mit niedrigem Schmelzpunkt (419 °C) wird vor allem für Legierungen wie z. B. Messing genutzt; außerdem können Metalle wie etwa Eisen durch eine Zinkschicht vor Rost geschützt werden.
Das wichtigste Zinkmineral ist ein Sulfid, die *Zinkblende* (→ 4), die im kubischen System kristallisiert. Daneben sind vor allem *Zinkit,* der hexagonal kristallisiert, und *Smithsonit* (Zinkspat) zu erwähnen.
Zinkblende kommt in beträchtlichen Mengen vor, und zwar häufig in Verbindung mit Bleiglanz (Bleisulfid), wobei sich Erzmassen von dunkelbrauner bis schwarzer Farbe bilden. Die Erztrennung geschieht mit Hilfe der sogenannten Flotation, einer Methode, die eine besonders saubere Trennung verschiedener Erze gewährleistet.
Da jedoch die Verhüttung mit komplizierten Verfahren verbunden ist und Erze mit hohem Zinkgehalt voraussetzt, hat die Nutzung des Zinkspats stark an Bedeutung verloren, da sich dieses Mineral wie alle Karbonate nicht besonders gut für die Flotation eignet.
Die Zinkblende bildet kubische Kristalle, die - bisweilen durchsichtig - von weißlicher bis braungelber Farbe sind
Das primäre Mineral der Zinkerzlagerstätten ist die Zinkblende, während der *Smithsonit* und besonders der *Hydrozinkit* in der Verwitterungszone an der Oberfläche von Lagerstätten zu finden sind.

Limonit - Zinkblende

1. Limonit - eines der am häufigsten vorkommenden Eisenerze; Limonit bildet sich in den Verwitterungszonen von Pyrit-Lagerstätten (»Eiserner Hut«).

2. Kupferkies - dieses Eisen-Kupfersulfid ist das wirtschaftlich bedeutendste Kupfererz. Zumeist kommt Kupferkies in derben Massen zusammen mit Pyrit und anderen Eisensulfiden vor.

3. Malachit - ein basisches Kupferkarbonat, das in der Verwitterungszone von Kupfererzlagerstätten auftritt. Die farbliche Bandbreite dieses zumeist in derben, unförmigen Aggregaten vorkommenden Minerals reicht von Smaragdgrün bis Schwarzgrün.

4. Zinkblende - dieses Zinksulfid bildet in seiner reinen Form braungelbe Kristalle; in Verbindung mit Bleisulfid bilden sich Mineralien von dunkelbrauner bis schwarzer Farbe.

Bleierze. Drei Erze sind es, die für die Bleigewinnung eine besondere Rolle spielen: *Bleiglanz*, PbS; *Cerussit,* $PbCO_3$, und *Anglesit,* $PbSO_4$. Die beiden letzteren gehen aus Verwitterungsprozessen des Bleiglanzes hervor. Die bedeutendsten Lagerstätten befinden sich in den USA (Mississippi), in Mexiko und Südamerika. Die bedeutendsten europäischen Vorkommen - sie sind in Spanien zu finden - waren schon vor 2000 Jahren den Römern bekannt.
Die Bleiglanzlagerstätten von Cartagena und Almeria wurden noch bis Ende des vorigen Jahrhunderts abgebaut.

Bleiglanz tritt in würfeligen Kristallen von zuweilen beachtlicher Größe auf, wobei neben der Würfelform auch die des Oktaeders sehr häufig ist. Er zeichnet sich durch eine vollkommene Spaltbarkeit aus. Seine typische bleigraue Farbe zeigt einen metallischen Glanz, besonders an den Spaltflächen, die durch Oxidation undurchsichtig werden. Zumeist enthält Bleiglanz einen geringen Silberanteil, der bis zu 3% ausmachen kann.
An der Oberfläche der Lagerstätten, in der Verwitterungszone, sind Bleiminerale wie *Cerussit, Anglesit* und *Pyromorphit* zu finden.

Quecksilbererze. Quecksilber bildet mit den Edelmetallen natürliche Mischkristalle, die Amalgame. Das wichtigste Erzmineral des Quecksilbers ist ein Sulfid, das als *Zinnober* bekannt ist (→ 1) und das im trigonalen System in Form von Rhomboedern kristallisiert. Allerdings sind Kristalle selten anzutreffen; meist tritt Zinnober in derben Massen von scharlachroter Farbe auf. Quecksilbersulfid ist von nicht zu vernachlässigender wirtschaftlicher Bedeutung. In manchen Fällen sind die Quecksilberlagerstätten vulkanischen Ursprungs. Die Lagerstätten von Almaden, Spanien, die zu den bedeutendsten Vorkommen überhaupt gehören, weisen einen Quecksilbergehalt von 5-8% auf, bisweilen sogar bis zu 20%. Größere Vorkommen gibt es außerdem noch in der Toskana, in Istrien sowie in Kalifornien, Mexiko und Peru.

Aluminiumerze. Der wichtigste Rohstoff zur Aluminiumgewinnung ist der Bauxit, ein Gemenge aus mehreren Mineralien, insbesondere dem *Gibbsit*, $Al(OH)_3$, und dem *Diaspor*, AlOOH. Bauxit ist als Verwitterungsrückstand auf Karbonatgestein oder im tropischen Klima aus Silikatgestein entstanden (S. 31 → 1).

Edelmetalle. Die in dieser Gruppe zusammengefaßten Mineralien kristallisieren im kubischen System in Form von Oktaedern, Würfeln oder Rhombendodekaedern. Sie sind sehr weich, dabei chemisch widerstandsfähig und schwer und zeigen durchwegs einen intensiven Metallglanz.

Gold (→ 2), Au, ist an seiner gelbglänzenden Farbe erkennbar. Es gibt grundsätzlich zweierlei Arten von Goldvorkommen: als Berggold ist es im Gestein (Granit) eingelagert (primäre Lagerstätten), daneben kommt es auch im Sand von Flüssen vor (sekundäre Lagerstätte); diese Form hat neben den besonders reichen Vorkommen von Witwatersrand, Südafrika, vor allem durch das einstige »Goldfieber« in Alaska Berühmtheit erlangt.

Silber, Ag, ist von typisch weißglänzender Farbe. An der Oberfläche weist es durch die Oxidation eine grauschwarze Patina auf. Als »Nutzmineral« hat Silber nur geringe Bedeutung.

Zinnober - Aragonit

1. Zinnober - dieses wichtigste Erzmineral des Quecksilbers ist vulkanischen Ursprungs. Kristalle sind selten; zumeist tritt Zinnober in derben Massen von scharlachroter Farbe auf.

2. Gold - *das* Edelmetall schlechthin; Gold war dasjenige Metall, das der Mensch als erstes gezielt abgebaut hat. Gold wird seit jeher wegen seines Glanzes und seiner einzigartigen Eigenschaften geschätzt, wie z. B. daß es trotz seiner unvergleichlichen Widerstandsfähigkeit (Gold ist chemisch praktisch unveränderbar) leicht zu bearbeiten ist.

3. Doppelspat - die farblose, vor allem in Island vorkommende Varietät des Calcits, der für die Schönheit seiner Kristallbildungen bekannt ist und starke Doppelbrechung aufweist.

4. Aragonit - das Mineral, das für die Bildung von Stalaktiten und Stalagmiten verantwortlich ist; Aragonit kommt zumeist in derben, unförmigen Massen vor, wobei er häufig strahlige und faserige Aggregate bildet.

Die Mineralien der Ganggesteine

Wie wir gesehen haben, kommen die metallhaltigen Erze vor allem als Sulfide und Oxide vor, die somit die wichtigsten Rohstoffe für die Metallgewinnung sind. In den Erzlagerstätten ist das Ganggestein jener Teil, der wirtschaftlich gesehen in der Regel nicht von Bedeutung ist. Dennoch kann in einzelnen Fällen auch dem Ganggestein ein gewisses wirtschaftliches Interesse zukommen, wie das vor allem beim Fluorit, Magnesit und Baryt der Fall ist.

Karbonate. Zu dieser Gruppe gehören Mineralien, die im allgemeinen keine besonderen Farbtöne aufweisen, die also zumeist weiß vorkommen. Im wesentlichen wird diese Gruppe aus zwei isomorphen Mischungsreihen gebildet, an deren jeweiligen Endpunkten folgende Mineralien stehen: *Calcit,* $CaCO_3$; *Magnesit*, $MgCO_3$; *Smithsonit*, $PbCO_3$; *Siderit*, $FeCO_3$; *Rhodochrosit*, $MnCO_3$ und *Kobaltspat,* $CoCO_3$. Die Mineralien dieser Gruppe kristallisieren im trigonalen System als Rhomboeder bzw. Skalenoeder sowie als Kombinationen aus diesen beiden.

Der *Calcit* (S. 29 → 3) bildet äußerst wohlgeformte Kristalle, die in mehreren hundert verschiedenen Formen und mehr als 1000 Kombinationen auftreten können. Auch Zwillingsbildungen sind recht häufig. Meist ist Calcit farblos, bisweilen auch weiß; charakteristisch ist sein Glasglanz. Calcit ist ein sehr häufig vorkommendes Mineral, das bisweilen Sedimentgesteine großen Ausmaßes bildet. Die zweite rhombische isomorphe Reihe enthält außer dem *Aragonit* (S. 29 → 4), $CaCO_3$, noch den *Witherit*, $BaCO_3$; *Strontianit*, $SrCO_3$, und *Cerussit*, $PbCO_3$. Diese Mineralien kristallisieren im rhombischen System in Prismenform; auch Zwillingsbildungen sind recht häufig. Die Vertreter dieser Reihe gehören eigentlich nicht zu den Mineralien, die Ganggesteine bilden, aufgrund ihrer Ähnlichkeit zum Calcit haben wir sie dennoch hier angeführt.
Aragonit ist maßgeblich am Aufbau von Stalaktiten und Stalagmiten beteiligt. Er kommt in derben, strahligen und faserigen Aggregaten vor. Aragonit ist zwar weit verbreitet, insgesamt aber doch weniger häufig als der Calcit und deshalb auch nicht als ein für die Gesteinsbildung wesentliches Mineral anzusehen.
Ein anderes weit verbreitetes Mineral der Karbonatgruppe ist der *Dolomit*, (Ca, Mg) CO_3, der maßgeblich an der Bildung des *Dolomitgesteins* beteiligt ist.

Sulfate. Das wichtigste Mineral dieser Gruppe ist der *Baryt,* $BaSO_4$; Vertreter der isomorphen Reihe sind *Coelestin,* $SrSO_4$, und *Anglesit*, $PbSO_4$. Coelestin tritt - in geringer Häufigkeit - in Hohlräumen von Erzkörpern auf; Anglesit wiederum ist ein typisches Mineral der Verwitterungszonen, das wir bereits als Bleierz kennengelernt haben. Die Minerale dieser Gruppe kristallisieren generell im rhombischen System. Vor allem der Baryt bildet wohlgeformte tafelige Kristalle und charakteristische blättrige Aggregate. Dieses weit verbreitete Mineral kommt bisweilen in abbauwürdigen Anhäufungen vor, sehr oft aber auch als Konkretion in Sandsteinen sowie als Kluftfüllung.

Halogenide. Das einzige Mineral aus dieser Gruppe, das in Erzgesteinen vorkommt, ist der *Fluorit,* CaF_2. Er kristallisiert im kubischen System, vorzugsweise würfelig, aber auch als Oktaeder oder Rhombendodekaeder. Häufig bilden sich beim Fluorit Durchdringungszwillinge, er tritt aber auch in dichten bzw. körnigen Aggregaten auf. Fluorit zeichnet sich durch eine vollkommene Spaltbarkeit aus. Wenngleich bisweilen auch farblose Kristalle vorkommen, ist der Fluorit zumeist violett bis grün mit leichter rosa Tönung. Er kann aber auch in vielen anderen Farbschattierungen auftreten. Fluorit ist durchsichtig bis durchscheinend; typisch sind seine Fluoreszenz und sein Glasglanz. Er kommt in verschiedenen Gesteinen vor, bisweilen auch in abbauwürdigen Massen. Besonders prachtvolle Kristalle wurden in Cumberland, England, sowie in Klüften von alpinen Gesteinen gefunden.

Lagerstätten von Bauxit, Steinsalz, Anhydrit und Schwefel

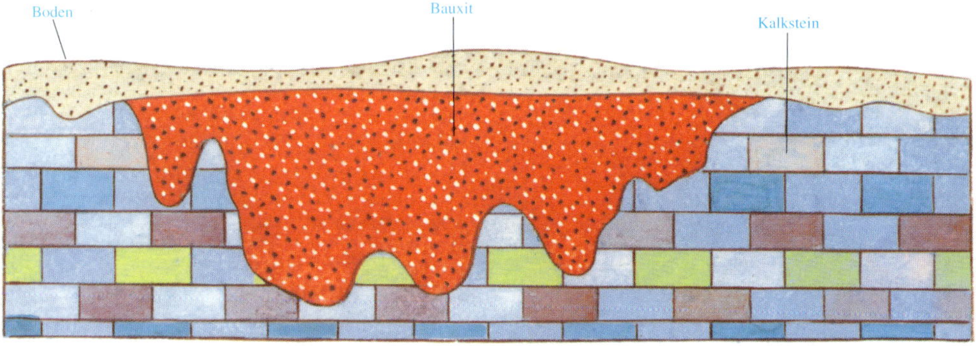

1. Bauxit, ein erdiges Aluminiumerz von ziegelroter bis gelber Farbe, ist ein Gemenge aus Aluminiummineralien, insbesondere Gibbsit und Diaspor, sowie anderen Tonmineralien. Bauxit entsteht als Verwitterungsrückstand auf Karbonatgestein bzw. aus Silikatgestein. Es ist der wichtigste Rohstoff zur Aluminiumgewinnung.

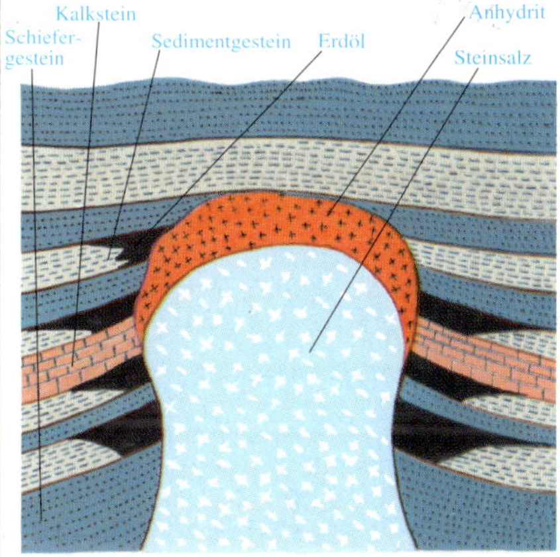

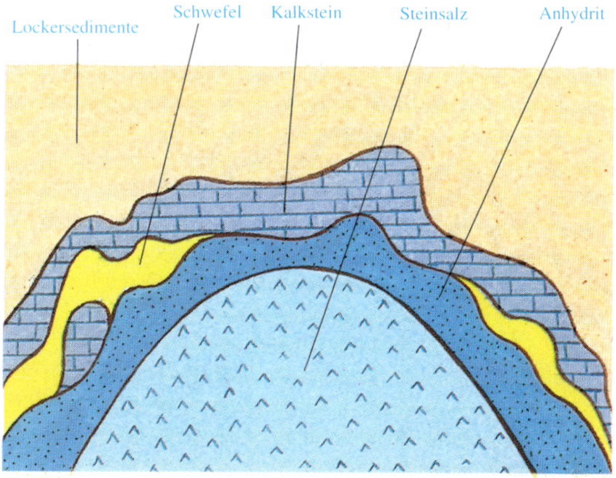

2. Steinsalz, chemisch Natriumchlorid, kommt in stockartigen, pilzförmigen oder domartigen Massen vor, wobei es sich mit Schichten von Anhydrit, Gips, Sylvin und gelegentlich Schwefel abwechselt.

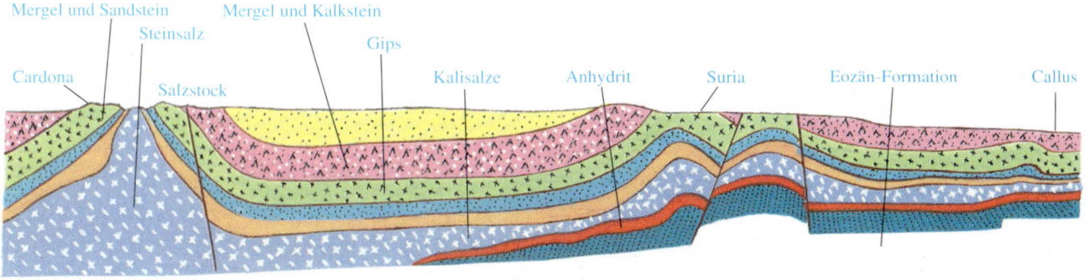

3. Steinsalzlagerstätte zwischen Suria und Cardona in Spanien. Bei tektonischer Anregung bewirkt die geringe Dichte der Salzmineralien einen Auftrieb der Salzkomplexe, so daß die Salzschichten infolge ihrer Plastizität sich verformen und die überlagernden Schichten durchbrechen.

Mineralien der Nichtmetall-Lagerstätten

Apatit, Ca_5 (F, Cl, OH) $(PO_4)_3$. Dieses hexagonal kristallisierende Mineral bildet Kristalle von verschiedener Größe, die entweder in tafeliger Form oder als Prismen auftreten. Im allgemeinen ist Apatit farblos, er kann grundsätzlich aber in vielen verschiedenen Farben vorkommen, wobei seine Transparenz von durchsichtig bis trüb bzw. undurchsichtig reichen kann. Die gelblichgrünen bzw. bläulichgrünen Kristalle des Apatits finden als Schmucksteine Verwendung. Er ist ein in vielen Gesteinstypen vorkommendes Mineral, das insbesondere für die Gewinnung von Phosphorsäure von Bedeutung ist. Die beiden Varietäten sind der kristallisierte Apatit sowie der *Phosphorit,* ein graubraunes, erdiges oder dichtes Mineral.

Steinsalz, NaCl. Ebenso wie die Kalisalze kommt auch Steinsalz in Anhäufungen von beträchtlicher wirtschaftlicher Bedeutung vor (→ 2-3). Entstanden sind diese Vorkommen durch die Verdunstung großer Mengen von Meerwasser. Nach genau dem gleichen Muster wird heute in den Salinen Salz gewonnen. Die Ausfällung von Salz aus dem Meerwasser findet dann statt, wenn die Verdunstung den Zufluß und die Niederschläge übertrifft, also im Bereich von warmem und aridem Klima.
Steinsalz kristallisiert im kubischen System, wobei neben Würfeln auch Oktaeder gebildet werden. Es tritt gehäuft in körnigen, aber auch faserigen Aggregaten auf. Zwar ist es ursprünglich farblos, es kann jedoch beispielsweise durch Eisenbeimengung rot oder gelblich erscheinen. Gelegentlich ist es auch mit einem blauen Farbton anzutreffen, was auf einen Natriumüberschuß hinweist. Steinsalz ist nach der Würfelfläche sehr gut spaltbar; vor allem aber ist es in Wasser außerordentlich gut löslich.

Kalisalze. Bei der Verdunstung des Wassers werden die Salze in der Reihenfolge ihrer Löslichkeit abgeschieden. Zunächst kristallisieren die evaporitischen Sulfate als *Gips,* $CaSO_4 \cdot 2H_2O$, und *Anhydrit*, $CaSO_4$, danach setzt sich Steinsalz ab. In der letzten Phase des Verdunstungsvorganges werden die am leichtesten löslichen Kali- und Magnesiumsalze abgeschieden, die vor allem aus *Sylvin,* KCl, und *Carnallit,* $MgCl_2 \cdot KCl \cdot 6H_2O$, bestehen.
Kochsalz tritt in schichtartig aufgebauten Salzlagerstätten auf (S. 31 → 2-3), wobei die einzelnen Schichten von einigen wenigen Zentimetern bis zu 40 Meter dick sein können. In den größeren Salzlagerstätten kommt es zu bisweilen extremen Veränderungen dieser ursprünglichen horizontalen Lagerungsform; infolge tektonischer Einengung sind die Salzmassen aufgrund ihrer geringen Dichte einem Auftrieb ausgesetzt, der sie die überlagernden Schichten durchbrechen und stock- oder domartige Massen bilden läßt (Salzstöcke). Bei diesem Prozeß kommt die hohe Plastizität, die eine der wesentlichen Eigenschaften der Salzgesteine ist, zum Tragen.

Borate. Praktisch alle in der Natur vorkommenden Borate sind durch Ablagerung am Rande oder auf dem Grunde von Salzseen entstanden. Die größeren Anhäufungen können auch wirtschaftlich genutzt werden. Auf diese Weise sind auch die großen kalifornischen Lagerstätten von Searles, Owens und Borax Lake entstanden. Boratablagerungen größeren Umfangs kommen außerdem in Chile, Bolivien und Argentinien vor. Die wichtigsten Mineralien dieser Vorkommen sind *Borax,* $Na_2B_4O_7 \cdot 10H_2O$, *Colemanit,* $Ca_2 \cdot B_6O_{11} \cdot 5H_2O$, *Kernit,* $Na_2B_4O_7 \cdot 4H_2O$, und *Boracit,* $Mg_6Cl_2 \cdot B_{14}O_{26}$.

Nitrate. Auch die Nitratablagerungen entstehen durch Verdunsten (Evaporation) von Salzseen, die Nitrate enthalten. Die einzige heute noch genutzte Lagerstätte von Kalisalpeter (KNO_3) befindet sich im Norden Chiles, ein Gebiet, das sich bei einer Breite von 20 bis 150 km über rund 600 km erstreckt.

Gips, $CaSO_4 \cdot 2H_2O$. Dieses monokline Mineral kann in verschiedenen Formen auftreten, wobei die Prismenform am häufigsten ist. Die recht oft vorkommenden Zwillingskristalle sind wegen ihrer typischen Form als Schwalbenschwanzzwillinge bekannt (→ 1). Gips ist farblos oder weiß und zeigt an manchen Flächen einen perlmuttartigen, an anderen einen glasigen Glanz. Er ist so weich, daß er schon mit dem Fingernagel ritzbar ist. *Alabaster,* eine dichte oder feinkörnige Varietät, wird häufig zu Kunstgegenständen verarbeitet.

Schwefel, (→ 2), S. Die Kristalle des Schwefels gehören dem rhombischen System an. Sie treten häufig als Doppelpyramiden auf, sind von zitronengelber Farbe, durchscheinend und weisen Diamantglanz auf. Die Schwefelvorkommen liegen stets in der Nähe von Vulkanen (Japan, Mexiko, Chile), auf Salzstöcken (S. 31 → 3) und in Sedimentschichten (in der ehemaligen UdSSR, Sizilien und Spanien).
Bei einer Temperatur von 247 °C verbrennt Schwefel mit blauer Flamme zu gasförmigem Schwefeldioxid, SO_2, das zur Herstellung von Schwefelsäure verwendet wird.

Graphit, (→ 3), C, ist die energieärmere, stabilere der beiden Modifikationen des Kohlenstoffs. Er

Gips - Diamant

1. Gips in Form eines Zwillingskristalls - Gips ist ein weitverbreitetes Mineral, das wohlgeformte Kristalle von mitunter beachtlicher Größe bildet, häufig (wie in dieser Abbildung) als Zwillingskristalle, die man aufgrund ihrer typischen Form auch *Schwalbenschwanzzwillinge* nennt.

2. Schwefel - in elementarer Form sind Schwefelkristalle von typischer gelber Farbe; sie sind durchscheinend und weisen Diamantglanz auf.

3. Graphit - ebenso wie Diamant ist auch Graphit reiner Kohlenstoff. Er tritt zumeist in körnigen, schuppigen Aggregaten auf; Graphit ist leicht spaltbar und an seinem typischen metallischen Glanz sowie seiner hell- bis dunkelgrauen Farbe zu erkennen.

4. Diamant (geschliffen) - durch ein aufwendiges Verfahren von Spaltung und Schliff erhält der Rohdiamant jenes »Feuer«, das die Schönheit eines Brillanten ausmacht.

kristallisiert im hexagonalen System. Graphit tritt zumeist in körnigen, schuppigen Aggregaten auf; seine metallglänzende Farbe bewegt sich zwischen hell- und dunkelgrau. Er hat vollkommene Spaltbarkeit, sehr weich (aber nicht elastisch). Graphit fühlt sich fettig an und färbt beim Berühren ab. In sehr dünnblättriger Form ist er durchsichtig. Größere Lagerstätten befinden sich vor allem in metamorphen Gesteinen, aber auch in Erstarrungs- und Sedimentgesteinen. Entstanden sind sie aus kohlenstoffhaltigem organischem Material. Die bedeutendsten Vorkommen (Sibirien und Ceylon) sind durch Kontakt- oder Regionalmetamorphose gebildet worden. Der in Ceylon vorkommende Graphit wird seiner Reinheit sowie der gut ausgebildeten Kristalle wegen sehr geschätzt. Graphit wird vor allem zur Herstellung von Schmelztiegeln und Schmiermitteln sowie zur Bleistifterzeugung verwendet.

Diamant, C, ist *der* Edelstein schlechthin und gleichzeitig der härteste in der Natur vorkommende Stoff überhaupt (weshalb er auch am oberen Ende der Mohsschen Härteskala aufscheint). Diamant ist reiner Kohlenstoff in Kristallform. Seine hohe Lichtbrechung und starke Dispersion verleiht ihm den charakteristischen Diamantglanz. Er kristallisiert im kubischen System in Form von Oktaedern oder Dodekaedern, seltener in Würfelform. Diamant ist nach den Flächen des Oktaeders spaltbar, eine Eigenschaft, die man sich beim Diamantenschliff zunutze macht. In der Regel ist er farblos, er kann allerdings in verschiedenen Farbvarianten auftreten - insbesondere blau und leuchtend rot.Besonders im geschliffenen Zustand zeigt sich durch die Totalreflexion jenes »Feuer«, für das der *Brillant,* wie die häufigste Schlifform des Diamanten genannt wird, berühmt ist (S. 33 → 4). Neben dem eigentlichen Diamanten in seiner Kristallform kommen auch dichte, kugelige Aggregate vor, die man als *Carbonado* oder *Bort* bezeichnet. Lange Zeit hatte Südafrika die Vormachtstellung in der Diamantenförderung inne (S. 35 → 4; S. 37 → 1), heute nimmt Zaire die Spitzenposition ein. Auch andere afrikanische Länder haben sich mittlerweile als führende Diamantenproduzenten etabliert.

Spinell, $MgOAl_2O_3$, wobei Mg durch Fe, Mn, Zn oder Cr ersetzt werden kann. Spinell kristallisiert im kubischen System in kleinen, wohlgeformten Kristallen, zumeist in Form von Oktaedern, aber auch als Rhombendodekaeder, seltener in Würfelform. Spinell ist für gewöhnlich von roter Farbe und zeigt einen glasigen Glanz, wobei er entweder durchsichtig oder aber trüb und undurchsichtig sein kann. Die bedeutendste Form dieses Minerals ist der *Edelspinell,* der als Edelstein sehr geschätzt wird.

Chrysoberyll, $BeOAl_2O_3$. Dieses Mineral kristallisiert im rhombischen System und tritt in dicktafeligen Kristallen auf. Chrysoberyll bildet häufig Durchdringungszwillinge mit drei Kristallindividuen, so daß ein Gebilde ähnlich einer Doppelpyramide entsteht. Dieses Phänomen tritt vor allem bei einer seiner Varietäten, dem *Alexandrit,* auf. Die Farbenpalette des Minerals reicht von Gelbgrün bis Smaragdgrün. Bisweilen zeigt er einen eigenartigen wogenden Lichtschein, der an die Augen einer Katze erinnert. Dieser Erscheinung verdankt das *Katzenauge* seinen Namen - eine Varietät des Chrysoberylls, die Edelsteinqualität aufweist.

Korund, Al_2O_3 (→ 3). Dieses Mineral kristallisiert im trigonalen System und bildet verhältnismäßig große Kristalle in Form von Doppelpyramiden und Rhomboedern. Von Natur aus farblos, kann Korund in verschiedenen Farbvariationen auftreten. Seine Transparenz reicht von durchsichtig bis trüb bzw. undurchsichtig. Er weist einen glasigen Glanz auf und ist von beachtlicher Härte. Die durchsichtigen und farblich reinen Varietäten des Minerals werden als Edelsteine gehandelt *(Edle Korunde).* Die begehrtesten unter ihnen sind der zumeist tiefblaue *Saphir* sowie die rote Spielart des Korunds, der *Rubin.* Die schönsten Rubine stammen aus Birma, doch auch Ceylon ist für die Qualität seiner Rubine und Saphire bekannt. Die unscheinbaren, trüben Formen des Korunds finden dank ihrer Härte als Schleif- und Poliermittel Verwendung (Schmirgel).

Türkis (→ 2). Dieses Mineral tritt zumeist in feinkörnigen Massen auf, eher selten in kleinen, triklinen Kristallen. Türkis ist für gewöhnlich undurchsichtig; charakteristisch ist seine himmelblaue bis blaugrüne Farbe, wobei er zumeist Wachsglanz, bisweilen auch Glasglanz aufweist. Bereits seit der Antike wird der Türkis als Schmuckstein geschätzt.

Diamant - Türkis

1. Diamant in seiner natürlichen Form kann klar und durchsichtig, aber auch trüb und undurchsichtig sein. Diamanten von blauer oder leuchtend roter Farbe sind eher selten anzutreffen.

2. Türkis - dieses Mineral tritt zumeist in feinkörnigen, opaken Massen von grüner bis himmelblauer Farbe auf. Als Schmuckstein erfreut sich der Türkis seit jeher großer Beliebtheit.

3. Korund - nach dem Diamanten ist der Korund das härteste Mineral. Er kommt in verschiedenen Farben vor: die unscheinbaren graubraunen Formen des Korunds werden aufgrund ihrer Härte als Schleifmittel verwendet, während die klaren blauen bzw. roten Varietäten als Edelsteine (Saphir und Rubin) gehandelt werden.

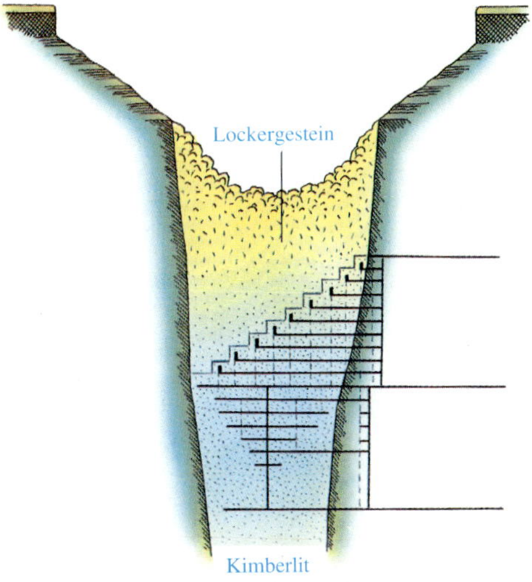

4. Schematische Darstellung der Diamantenmine von Kimberley (Big Hole), Südafrika, wo im Jahr 1870 die ersten großen Diamantfunde gemacht wurden. Diamant ist in basischen magmatischen Gesteinen zu finden; das Muttergestein der südafrikanischen Diamanten wird *Kimberlit* genannt. Kimberlit geht auf vulkanische Tätigkeit zurück (Gasvulkane).

Petrographie

Gesteine

Die Petrographie ist jener Teil der Geologie, der den Ursprung und Aufbau der Gesteine untersucht; unter »Gestein« versteht man dabei sowohl die harten, schweren Basalte als auch Sand, Kies und Ton. Die Gesteine sind letztlich am besten geeignet, uns Auskunft über die Geschichte der Erde sowie den Ablauf der grundlegenden geologischen Prozesse zu geben.
Die Geschichte der Erde ist geprägt von dem ständigen Aufeinanderprallen zweier Arten von geologischen Prozessen, den *exogenen* und den *endogenen Kräften* - d. h. auf der einen Seite die an der Oberfläche wirksamen Kräfte, die den ständigen Kreislauf von *Erosion*, *Transport* und *Sedimentation* in Gang halten; auf der anderen Seite die endogenen, im Erdinneren wirksamen Kräfte, die immer wieder für den Aufbau neuer Gesteinsmassen sorgen.
Die Entstehung der verschiedenen Gesteinstypen läßt sich auf ganz bestimmte geologische Prozesse zurückführen. Die Erforschung von Struktur und Aufbau der einzelnen Gesteine ermöglicht es dem Geologen, genau jene Prozesse nachzuvollziehen, die zur Entstehung und Entwicklung dieser Gesteine geführt haben.

Klassifikation der Gesteine

Um eine solche Einteilung vornehmen zu können, ist es nötig, den Ursprung eines Gesteins sowie die jeweiligen gesteinsbildenden Mineralien zu kennen. Demnach lassen sich Gesteine grundsätzlich in drei große Kategorien einteilen: die *Sedimentgesteine*, die aus Anhäufungen von organischem und anorganischem Material gebildet werden; die *metamorphen Gesteine*, die durch mechanische und physiko-chemische Umwandlung bereits bestehender Gesteine entstehen, und schließlich die *magmatischen Gesteine*, die durch die Erstarrung heißer Silikatschmelzen gebildet werden; solche Gesteinsschmelzen oder Magmen bilden sich in der Lithosphäre und gelangen entweder durch vulkanische Aktivität an die Erdoberfläche (Ergußgestein) oder aber sie kühlen bereits innerhalb der Erdkruste soweit ab, daß sie sich verfestigen und die sogenannten Tiefengesteine (Plutonite) bilden - die wiederum durch tektonische Bewegungen zu einem späteren Zeitpunkt an die Erdoberfläche gelangen können.

Die gesteinsbildenden Mineralien

Die bedeutendsten gesteinsbildenden Mineralien, d. h. solche, die in einem Gestein in großer Menge auftreten, werden als *Hauptgemengteile* bezeichnet; sie spielen eine wesentliche Rolle für Aufbau und Struktur eines Gesteins. Daneben gibt es aber auch eine große Zahl von *Nebengemengteilen*, also Mineralien, die im Gestein untergeordnet vorhanden sind und von denen lediglich abhängt, um welche Varietät eines Gesteins es sich handelt.
Ein Charakteristikum der Gesteinsbildung ist die Tendenz, sich im wesentlichen auf eine relativ geringe Zahl von verschiedenen Gesteinstypen zu beschränken. Von den rund hundert in der Natur vorkommenden Silikaten und Aluminium-Silikaten treten nur etwa dreißig wirklich häufig auf. Von diesen sind es wiederum einige wenige - Feldspate, Pyroxene, die Amphibol-Gruppe sowie die Glimmer - die, zusammen mit dem Quarz, alle anderen Minerale in puncto Häufigkeit klar übertreffen. Unter den Mineralien gibt es nun solche, die durch Kristallisation heißer Gesteinsschmelzen entstehen; diese Mineralien sind für die Bildung der magmatischen Gesteine (Erstarrungsgesteine) verantwortlich. Andere wieder entstehen aus der Um- oder Neukristallisation bereits bestehender Mineralien, und zwar infolge von Druck- und Temperaturänderungen; dieses Phänomen ist für die Bildung der Metamorphite oder Umwandlungsgesteine verantwortlich. Die Mineralien der Sedimentgesteine gehen aus Verwitterungsmaterialien aus magmatischen, metamorphen und älteren Sedimentgesteinen hervor. Im Laufe des Transportes werden die mitgeführten Gesteinsreste und die in Lösung befindlichen Bestandteile so verändert, daß sich bei der Ablagerung schließlich ein neues Gestein bildet. So sind beispielsweise die besonders feinkörnigen Tonmineralien großteils Neubildungen, die erst bei der Sedimentation entstehen.

Textur der Gesteine

Unter der *Textur* versteht man die räumliche Anordnung bzw. Verteilung der Mineralien im Gestein. Die Unterschiede zwischen den drei grundlegenden Gesteinstypen finden auch in der Textur ihren Niederschlag. Plutonische Gesteine beispielsweise weisen eine ausgeprägte Körnung auf, sie sind vollkristallin. Vulkanische Gesteine hingegen sind beim Erreichen der Erdoberfläche

Ursprung und Aufbau der Gesteine

1. Während die Petrographie Ursprung und Aufbau der Gesteine untersucht, beschäftigt sich die Petrologie mit den Ursachen für Bildung und Umwandlung von Gesteinen. Die Abbildung zeigt den Alltag der Diamantgewinnung. Die Entstehung von Diamant reicht etwa drei Milliarden Jahre zurück.

Oxide	Granit	Basalt	Amphibolit	Schiefer	Tongestein	Sandstein	Kalkstein
	magmatische Gesteine		metamorphe Gesteine		Sedimentgesteine		
SiO_2	70.8	49.0	49.3	63.3	62.4	94.4	5.2
TiO_2	0.4	1.0	1.2	1.4	1.1	0.1	0.1
Al_2O_3	14.5	18.2	16.9	17.9	16.6	1.1	0.8
Fe_2O_3	1.6	3.2	3.6	3.6	3.2	0.4	0.3
FeO	1.8	6.0	6.8	2.6	2.1	0.2	0.2
MgO	0.9	7.6	7.0	1.6	2.5	0.1	7.9
CaO	1.8	11.0	9.5	1.9	1.7	1.6	42.6
Na_2O	3.3	2.5	2.9	1.3	0.9	0.1	0.1
K_2O	4.0	0.9	1.1	3.1	3.0	0.2	0.3
H_2O Wasser	0.8	0.4	1.5	2.6	5.2	0.3	0.7
CO_2 Kohlendioxid					1.0	1.1	41.6
	99.9	99.8	99.8	99.3	99.7	99.6	99.8
Mineralien	**Granit**	**Basalt**	**Amphibolit**	**Schiefer**	**Tongestein**	**Sandstein**	**Kalkstein**
	magmatische Gesteine		metamorphe Gesteine		Sedimentgesteine		
Quarz	30			32	17	97	3
Alkalifeldspate	60	5				1	1
Plagioklase	5	45	42	18			
Pyroxen		40					
Amphibol			50				
Olivin		5					
Biotit	4		5	7			
Muskovit				38	1	1	
Magnetit	1	5	3	3	1	1	1
Staurolith				2			
Tonmineralien					80		1
Calcit					1		94
	100	100	100	100	100	100	100

2. Chemische Zusammensetzung (oben) und mineralischer Aufbau (unten) einiger besonders häufig vorkommender Gesteine

einem plötzlichen Temperaturabfall ausgesetzt, so daß ein geordnetes Kristallwachstum nicht mehr möglich ist; als Folge davon bilden die Mineralien eine dichte bis glasige Masse, die bei besonders jäher Erstarrung aus reinem amorphem Glas besteht, so daß keine Kristalle mehr zu erkennen sind. Im Gegensatz dazu sind metamorphe Gesteine durch eine schieferige Textur gekennzeichnet.

Sedimentgesteine

In dieser Gruppe werden all jene Gesteine zusammengefaßt, die durch Ablagerung (Sedimentation) von Materialien verschiedenen Ursprungs entstehen, d. h. von Stoffen, die aus der Erosion bereits bestehender Gesteine hervorgehen. Dabei werden die transportierten Stoffe teils in Lösung, teils in Suspension gehalten und zum Teil auch von der Kraft der Elemente (Wasser, Wind) einfach mitgerissen, bis sie schließlich in Vertiefungen der Erdoberfläche schichtweise abgelagert werden. Sedimentgesteine unterscheiden sich also in ihrer Entstehung deutlich von den übrigen Gesteinstypen - ihre Ablagerung erfolgt in Schichten und sie enthalten außerdem sehr oft auch fossile Bestandteile. Ihre Zusammensetzung ergibt sich aus jener der ursprünglichen Gesteine bzw. deren Umwandlungsprodukte (Silikate, Quarze, Kaolin, Serizit, Chlorit, Limonit, Calcit, Dolomit usw.). Die Farbe der Sedimentgesteine hängt großteils von der Korngröße und dem Grad der Oxidation des im Gestein enthaltenen Eisens ab.
Grundsätzlich sind zwei verschiedene Arten von Materialien an der Bildung der Sedimentgesteine beteiligt, nämlich die *klastischen-* oder *Trümmergesteine*, die aus dem Zerfall bereits vorhandener Gesteine hervorgehen, sowie die Materialien aus *chemischer Absetzung*, wobei jedes Sedimentgestein letztlich eine Mischung aus diesen beiden Materialtypen darstellt. Aus der Verschiedenheit der an der Sedimentation beteiligten Stoffe erklären sich auch die Unterschiede in Form, Größe und Struktur der Kristalle von Sedimentgesteinen.
Zunächst lagern sich diese Materialien in lockerer Form ab. In der Folge wird bei zunehmendem Druck und steigender Temperatur Wasser aus den Sedimenten ausgepreßt und mit Hilfe von Bindemitteln eine Verfestigung der Ablagerungen erreicht. Bei diesen Bindemitteln, mit denen die Lockergesteine verkittet werden, handelt es sich z. B. um Kalziumkarbonat (Kalk), Tonerdemineralien, Kieselsäure usw. Diese gesteinsverändernden Vorgänge, die schließlich zu einer Verfestigung der Sedimente führen, werden als *Diagenese* bezeichnet.
Nach ihrer Entstehung werden die Sedimentgesteine in vier Gruppen eingeteilt: *klastische Sedimente*, *Rückstandsgesteine*, *chemische* und *biogene Sedimente*. Nach der chemischen Zusammensetzung unterscheidet man Kieselgestein, Kalkgestein, Tongestein; z. B. Laterit und Bauxit, Kohlegesteine usw.

Rückstandsgesteine. Zu dieser Gruppe gehören die unlöslichen Verwitterungsreste, die aus der durch atmosphärische Einflüsse bewirkten Gesteinsveränderung hervorgehen, wobei kein Materialtransport stattfindet. Vor allem *Laterit* und *Bauxit* sind in tropischen und subtropischen Regionen weit verbreitet. Ihre rötliche Farbe ergibt sich aus der Zusammensetzung dieser Gesteine, die Mischungen aus Eisenoxiden und Aluminiumhydroxiden darstellen. Diese Rückstands- oder Residualgesteine entstehen aus den Rückständen chemisch veränderter Gesteine - und verbleiben direkt am Ort der Gesteinszersetzung.

Klastische Sedimente. Sie entstehen durch Erosion, Zerfall und Transport von Gesteinen und können sowohl inkohärent, als Lockergestein wie z. B. Kies und Sand, als auch kohärent, verfestigt wie z. B. als Konglomerat oder Sandstein, vorkommen. Im letzteren Fall treten Kalziumkarbonat, Tonerden bzw. Kieselsäure als Bindemittel auf. Bei *Molasse*, einer Art Sandstein, ist Kalk für den Zusammenhalt verantwortlich, bei den *Quarziten* wiederum treten kieselige Bindemittel auf. Die *Tongesteine* sind feine klastische Sedimente, deren Mineralien großteils Neubildungen sind, die auf der Zersetzung von Aluminium-Silikaten beruhen. *Schieferton* wiederum ist diagenetisch verfestigtes Tongestein, das durch Druckeinwirkung ein schieferähnliches Parallelgefüge entwickelt hat - auch hier erfolgt also die Verfestigung des abgelagerten Lockermaterials durch jene Umwandlungsprozesse, die in dem Begriff Diagenese zusammengefaßt sind.

Kalkgesteine. Sie sind wahrscheinlich die am häufigsten vorkommenden und gleichzeitig für den Menschen nutzbringendsten Sedimentgesteine. Sie können durch mechanische Verwitterung, durch chemische Ausfällung oder unter dem Einfluß von Organismen (organogen bzw. biogen) gebildet werden. Am häufigsten allerdings wirken mehrere Ursachen zusammen. Wesentlicher Be-

Sedimentgesteine

1. Sehr schön zu sehen ist hier die Schichtstruktur der Sedimentgesteine: der älteste Teil dieses Gebirgskomplexes auf Sardinien besteht aus Schiefer und Kalkgestein in Verbindung mit Dolomit und Sandstein.

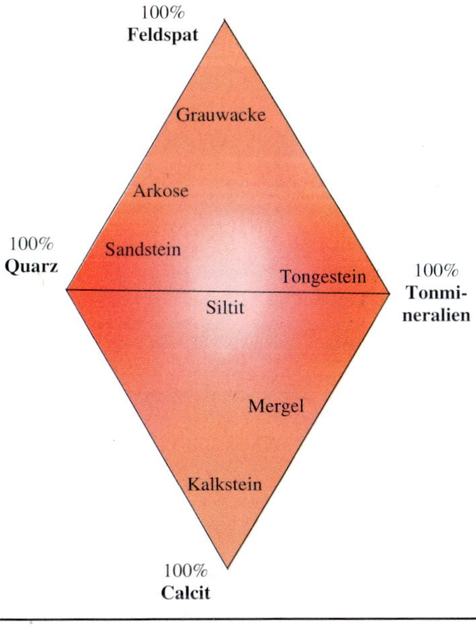

2. Links: Klassifikation der Sedimentgesteine: die Feldspate und die Tonmineralien sind Bestandteile der klastischen Sedimentite; Calcit entsteht auf chemisch-biogenem Weg aus Kalkgehäusen von Meeresorganismen sowie durch Ausfällung im Meerwasser und ist für den Aufbau der Kalkgesteine verantwortlich; weitere Formen von Sedimentgesteinen sind die Kieselgesteine, entstanden aus Radiolarien und Diatomeenpanzern, die aus kantigen Gesteinstrümmern aufgebauten Brekzien sowie die Evaporite, die durch Ausfällung aus dem Wasser bei starker Verdunstung (Eindampfung) entstehen, wie z. B. Steinsalz und Gips.

standteil der Kalke ist Kalziumkarbonat. Beim *Dolomit*, der - so nimmt man an - aus kalkhaltigen Gesteinen durch Eindringen magnesiumhältiger Lösungen entstanden ist, ist zusätzlich zum Kalziumkarbonat noch Magnesiumkarbonat vorhanden. Einige Kalkgesteine werden durch Organismenreste aufgebaut, wie z. B. die Kalke der Foraminiferen, einer Gruppe von einzelligen Meerestieren mit Kalkgehäuse. Der poröse, wenig verfestigte *Kreidekalk*, der von schneeweißer bis hellgrauer Farbe ist, besteht ebenfalls aus den Hartteilen von Mikroorganismen, insbesondere Foraminiferen und Algen.

Metamorphe Gesteine

Die Metamorphite entstehen durch Umwandlung verschiedener Gesteine, d. h. von Magmatiten, Sedimentiten oder älteren metamorphen Gesteinen - und zwar durch tiefgreifende Umgestaltung ihrer Struktur sowie der mineralischen Zusammensetzung (Umkristallisation). Außerdem kommt es zu Veränderungen in der Textur des Gesteins sowie zur sogenannten *Schieferung*, d. h. zu einer Ausrichtung der langen Kristallachsen senkrecht zur Richtung der Druckeinwirkung. Dieses Phänomen ist eine Folge des geologischen Kreislaufs, der immer wieder ein Absinken von Oberflächengestein bewirkt, welches dadurch völlig veränderten Druck- und Temperaturverhältnissen ausgesetzt ist.
Die metamorphen Gesteine weisen sowohl Strukturmerkmale auf, die an Sedimentgesteine erinnern, als auch solche, die eine Ähnlichkeit mit magmatischen Gesteinen zeigen; es ist dies einerseits die Anordnung der Mineralien in Form eines Parallelgefüges, andererseits das grobkörnige Aussehen vieler Metamorphite. Unter all den Mineralien, die einer Metamorphose unterliegen, gibt es neben solchen, die in Sedimentiten bzw. in Magmatiten vorkommen, auch solche, die typisch für metamorphe Gesteine sind, wie etwa Andalusit, Sillimanit, Cordierit, Staurolith, Granat usw. Charakteristisch für diese massigen, feinkörnigen bis dichten Metamorphite ist ihr muscheliger Bruch sowie ihre *kristalloblastische Struktur*, die sich dadurch ergibt, daß manche Mineralien auf Kosten anderer zu größeren Kristallen anwachsen.
Die wesentlichen Faktoren bei der Gesteinsmetamorphose sind hoher Druck sowie hohe Temperaturen. Dabei gehen bestimmte Umwandlungen der Mineralstrukturen mit bestimmten Umwandlungsprozessen einher; so werden z. B. Tongesteine in Glimmerschiefer bzw. Gneis umgewandelt, Kalkgesteine werden zu Marmor und Sandstein zu Quarzit. Durch Druckeinwirkung werden die Mineralien in gleicher Richtung, in ein Parallelgefüge, »eingeregelt«. Die hohen Temperaturen wiederum erhöhen die Löslichkeit der Mineralien im Wasser sowie die Plastizität des Gesteins und fördern so im Zusammenspiel mit den Druckverhältnissen den Ablauf des Umwandlungsprozesses. Die klassische Einteilung dieser Prozesse geht von drei Tiefenstufen aus, nämlich Epi-, Meso- und Katazone.
Diese Gliederung beruht auf der Annahme, daß mit zunehmender Tiefe Druck und Temperatur kontinuierlich steigen, wodurch sich auch die Intensität der Metamorphose erhöht. Dies ist jedoch eine stark vereinfachende Darstellung der in Wirklichkeit viel komplexeren Prozesse, die bei dieser weiträumigen Gesteinsumwandlung, der *Regionalmetamorphose*, ablaufen. Wenn die Umwandlungsprozesse nur einen Raum von zwei bis drei Kilometern betreffen, spricht man von einer *Kontaktmetamorphose*. Diese kommt dadurch zustande, daß aufsteigendes Material (Plutone oder Magma) durch seine hohen Temperaturen das benachbarte Gestein verändert.
Andere Formen der Gesteinsumwandlung sind die *Dynamometamorphose*, deren Ursache in dem gerichteten Druck zu sehen ist, wie er durch Bewegungen der Lithosphäre bei der Gebirgsbildung zustandekommen kann, und die *Metasomatose*, bei der es im Verlauf des Umwandlungsprozesses zu einer chemischen Verdrängung von ursprünglich vorhandenen Mineralien kommt.

Gneis. Die Gneisgesteine zeigen eine schwache bis deutliche Schieferung. Im Aufbau des Gneis wechseln sich hellgraue, grobkörnige Schichten, die vor allem Feldspat und Quarz enthalten, mit dunklen Schichten ab, die reich an Biotit und Hornblende sind.

Migmatit. Dieses Mischgestein beruht im wesentlichen auf einem rötlichen Gneis, der sich aus Quarz, Plagioklas und Orthoklas zusammensetzt; zu diesem Wirtsgestein gesellt sich ein granitischer Magmatit.

Glimmerschiefer. Dieses in der Regel etwas dunklere Schiefergestein zeichnet sich durch sein grobschuppiges Gefüge und seine glänzende Ober-

Metamorphe Gesteine

1. Monte Capanne an der Westspitze der Insel Elba ruht auf einem mächtigen Intrusivkörper aus Granodiorit mit einem weitverzweigten Netz aus Lagergängen.
An der weißen Gesteinsfarbe ist der Verlauf der Gänge im Inneren von Sedimenten zu erkennen, wobei auch Vorgänge der Kontaktmetamorphose festzustellen sind.

2. Granatführender Amphibolit

3. Eklogit

fläche aus. Hauptgemengteil des Glimmerschiefers sind Glimmer und Quarz.

Amphibolit. Dieses dunkelgrüne Gestein ist hauptsächlich aus der Amphibol-Varietät Hornblende und Plagioklas aufgebaut; weitere Bestandteile sind u. a. Biotit und Granat.

Marmor. Dieses in verschiedenen Farben auftretende Metamorphitgestein besteht hauptsächlich aus Calcit.

Hornfels. Diese dunklen, massigen, harten Gesteine von sehr feiner Körnung können aus einer Reihe verschiedener Mineralien aufgebaut sein, wobei besonders Andalusit, Biotit und Cordierit recht häufig vorkommen. Hornfels entsteht durch Metamorphose von tonigen Ablagerungen.

Eklogit. Dieses fein- bis grobkörnige Gestein ist an seiner grünen Grundmasse mit dazwischenliegenden roten Granaten erkennbar. Hauptbestandteil des Eklogits sind Pyroxene und Granate.

Magmatische Gesteine

Die Magmatite gehen aus den glutflüssigen Gesteinsschmelzen des Erdinneren hervor, die entweder in der Lithosphäre oder an der Erdoberfläche erstarren. Dringt das Magma bis an die Oberfläche, so fließt es als Lava zu Tal. Erstarren die heißen Schmelzen jedoch innerhalb der Erdkruste, so bildet sich das sogenannte »Intrusivgestein«, auch Tiefengestein oder Plutonit genannt. Die Gesteine, die durch die Abkühlung der Lava entstehen, heißen Effusiv- oder Extrusivgesteine bzw. Vulkanite. Eine Klassifikationsmöglichkeit der Magmatite beruht auf der Höhe des Kieselsäuregehaltes. Magmatite mit einem Kieselsäuregehalt über 65% werden als *sauer* bezeichnet; der Granit beispielsweise gehört zu dieser Gruppe. Die *intermediären Gesteine*, wie z. B. die Andesite, haben einen Kieselsäuregehalt zwischen 52 und 65%.
Die übrigen Gesteine, darunter die Gruppe der Basalte, werden als *basisch* bezeichnet; sie zeichnen sich dadurch aus, daß in ihnen kein Quarz vorhanden ist. Bei besonders niedrigem Kieselsäuregehalt (unter 45%) spricht man von *ultrabasischen* Gesteinen.
Die wichtigsten Magmatite der Erdkruste sind die Granit- und die Basaltgesteine, deren unterschiedliche Beschaffenheit sich bereits aus ihrer Entstehungsgeschichte ableiten läßt.

Vulkanite
Die basaltischen Schmelzen erreichen Temperaturen von 900 bis 1200 °C, haben einen Kieselsäuregehalt von 45 bis 50% und sind relativ dünnflüssig. Dabei bilden sich richtiggehende Lavaströme, wie dies für die Vulkane Islands und Hawaiis charakteristisch ist.
Bei submarinen Eruptionen tritt bei den basaltischen Magmen eine spezielle Form des Magmatits auf, die sogenannte *Kissenlava*.
Die granitischen Gesteinsschmelzen erreichen Temperaturen zwischen 600 und 800 °C; sie sind reicher an Kieselsäure (ihr SiO_2-Gehalt liegt bei 70-75%) und viel zähflüssiger als basaltische Schmelzen. Aufgrund dieser Eigenschaften können granitische Magmen nicht so leicht bis zur Erdoberfläche aufsteigen; wenn dies aber geschieht, so bilden sich zähflüssige Ströme bzw. Vulkandome aus Rhyolith und Obsidian, jene kompakten glasigen schwarzen Gesteinsgefüge, die zu den sogenannten Gesteinsgläsern gehören. Häufig führen solche Schmelzen auch - über Absätze aus Glutwolken - zur Bildung von pyroklastischen Gesteinen, die als *Ignimbrit* bezeichnet werden.

Plutonite
Erreichen die Magmen jedoch nicht die Oberfläche, so dringen sie in die Klüfte und Spalten der Erdkruste ein, wo sie intrusive Magmatitkörper bilden, d. h. kleinere oder größere Massen, die sich an die Struktur der Erdkruste anpassen oder diese durchbrechen. Die beiden Hauptformen dieser Massen sind die als *Lakkolith* bezeichneten pilzförmigen Subvulkane, die unter der Erdoberfläche erstarrt sind, sowie die *Batholithe*, jene riesigen granitischen Gesteinskörper, deren Querschnitt sich mit zunehmender Tiefe erweitert und die Durchmesser von mehreren hundert Kilometern erreichen können.

Granit. Die Gesteine der Granitfamilie sind von grauer bis rötlicher Farbe; sie sind sauer und von grobkörniger kristalliner Struktur. Hauptbestandteil des Granits sind Quarz, Feldspat, Orthoklas, Plagioklas sowie Glimmer (Biotit). Eines der Merkmale des Granits ist die Neigung mancher Feldspat-Varietäten (z. B. Orthoklas), ihre vollausgebildete Eigengestalt zu entwickeln und Kristalle von mehreren Zentimetern zu formen (*porphyrischer Granit*).

Syenit. Dieses rötliche Gestein ist dem Granit ähnlich, unterscheidet sich von diesem aber dadurch,

Magmatische Gesteine

1. Das Granitmassiv des Montblanc bildet den höchsten Gipfel Europas. Die vertikale Schichtung hat - unter Mitwirkung der Erosionskräfte - zur Ausbildung mächtiger Zacken geführt, wie dies hier am Beispiel des *Géant* zu sehen ist, dessen Gletscher übrigens zu den größten der Montblancgruppe zählt.

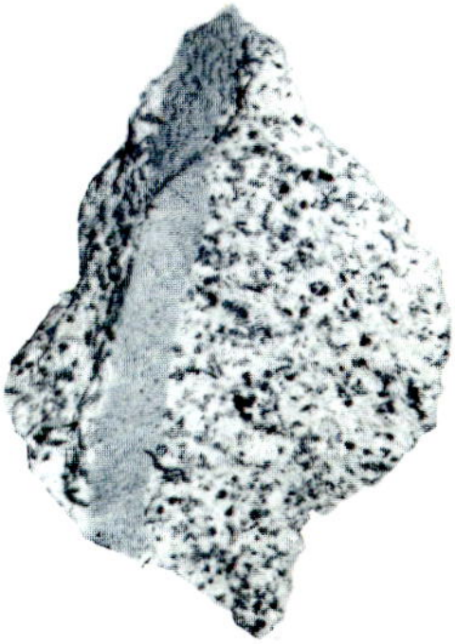

2. Granit mit Aplitgang

3. Syenit

4. Gabbro

daß es wenig bis gar keinen Quarz enthält. Syenitgesteine bestehen im wesentlichen aus Orthoklas, Plagioklas, Hornblende und Biotit. Syenit kommt vergleichsweise selten vor, zumeist ist er am Rande von Granitintrusionen zu finden.

Diorit. Die Gesteine dieser Gruppe sind dunkler als die zuvor beschriebenen; mit einem Kieselsäuregehalt unter 60% tendieren sie bereits zu den eher basischen Magmatiten. Der vergleichsweise feinkörnige Diorit setzt sich aus Plagioklas, Hornblende und Biotit zusammen. Charakteristisch für Diorit ist das völlige Fehlen von Orthoklas und das streifige Aussehen der Plagioklase. Diorit kommt häufig am Rande von großen granitischen Intrusionen vor.

Gabbro. Die eher grobkörnigen kristallinen Gabbrogesteine sind bläulich, grünlich oder grau bis schwarz, jedenfalls aber dunkler (und folglich basischer) als Diorit. Hauptbestandteile sind basische Plagioklase und Pyroxene. Häufig treten auch Gabbrovarietäten mit Hornblende und Olivin auf. Gabbro kommt meist in größeren Intrusionen bzw. Lagergängen vor.

Peridotit. Diese grobkörnigen Gesteine sind aufgrund ihres ultrabasischen Charakters - der Kieselsäuregehalt liegt bei 43% - recht dunkel, bisweilen von grünlicher Farbe. Varietäten des Peridotits sind der Dunit, der praktisch ausschließlich aus Olivin aufgebaut ist, der Pyroxenit, der vor allem aus Pyroxen besteht, sowie der Hornblendit, dessen wichtigstes Mineral Hornblende ist. Durch Gesteinsumwandlung kann aus Peridotit der grünliche *Serpentinfels* hervorgehen.

Ganggesteine
Diese Tiefengesteine entstehen aus erstarrten, in die untere Erdkruste eingedrungenen Magmamassen. Zu dieser Gruppe zählt man Gesteine, die durch Abspaltung von Teilschmelzen in kleineren Gesteinskörpern, den Gängen, entstanden sind, wobei sie eine andere Textur und Mineralzusammensetzung aufweisen als das umgebende Gestein.
Weisen diese Ganggesteine die gleiche chemische Zusammensetzung auf wie das Muttergestein, so spricht man von ungespaltenen Ganggesteinen, deren Hauptverteter der *Granitporphyr* ist. Bei völlig verändertem Mineralbestand handelt es sich um gespaltene Ganggesteine. Zu dieser Gruppe gehören der grobkörnige *Pegmatit*, der helle, feinkörnige *Aplit* sowie der dunkle, feinkörnige *Lamprophyr.*

Die wichtigsten Vulkanite
Rhyolith. Diese Gesteine können grau, gelblich oder grünlich vorkommen. Sie weisen zumeist ein klares Fließgefüge auf (Rhyolith = griech. *Fließstein*). In der Grundmasse mit unterschiedlichen Glasanteilen finden sich Kalifeldspat (Sanidin), Quarz und seltener auch Biotit.

Vulkanisches Gesteinsglas. Unter dieser Bezeichnung werden verschiedene amorphe Gesteinsgefüge aus rhyolithischen Magmen zusammengefaßt. Hauptvertreter dieser Gruppe sind Obsidian und Bimsstein. *Obsidian* ist ein kompaktes schwarzes Gesteinsglas, das durch seinen Glasglanz und seinen muscheligen, scharfkantigen Bruch gekennzeichnet ist. *Bimsstein* ist ein leichtes, schaumig aufgeblähtes Gesteinsglas von weißlichgrauer Farbe, das vom Aufbau her dem Obsidian sehr ähnlich ist.

Trachyt. Die Gesteine dieser Gruppe können von aschgrauer bis gelblicher oder bräunlicher Farbe sein. In der feinkörnigen, porösen Grundmasse finden sich Einsprenglinge von Sanidin und Plagioklasen, bisweilen auch Pyroxen. Die Trachytgesteine kommen vor allem in Stau- und Quellkuppen vor.

Andesit. Diese porphyrischen Gesteine von grauer, bisweilen schwarzer Farbe bilden kompakte, mitunter auch leicht poröse Massen. Als Einsprenglinge finden sich Plagioklase, Andesin, Amphibol und Pyroxen in einer feinkörnigen Grundmasse, die sich aus denselben Elementen zusammensetzt. Die sehr zähflüssige andesitische Lava tritt bei vielen der heute tätigen Vulkanen auf.
Andesit kommt häufig in tertiären Faltengebirgen vor, vor allem in den Anden Südamerikas, von denen sich auch der Name des Gesteins ableitet.

Basalt. Diese dunklen, grauen bzw. schwarzen Gesteine besitzen ein dichtes bis feinkörniges Gefüge und setzen sich im wesentlichen aus Plagioklasen, Augit und Olivin zusammen. Die Grundmasse besteht ebenfalls aus basischen Plagioklasen.
Bei basaltischen Lavaergüssen bilden sich aufgrund ihres dünnflüssigen Charakters ausgedehnte Lavadecken. Zu den Plateaubasalten, die aus mächtigen tertiären Lavaströmen hervorgegangen

Entstehung der Gesteine

1. Rhyolith - die vulkanischen Förderprodukte können von verschiedener Form und Zusammensetzung sein; charakteristisch für Rhyolithe ist ihr hoher Kieselsäuregehalt (über 65%), weshalb rhyolithische Lava auch äußerst zähflüssig ist. Da bedingt durch die Zähigkeit der Gasgehalt nur sehr schwer abgegeben werden kann, bildet sich zumeist ein gewaltiger Überdruck; dieses Phänomen ist für die explosiven Eruptionen verantwortlich, wie sie für saure granitische Schmelzen typisch sind.

2. Basalt - die basaltischen Laven sind in der Regel von dunkler Farbe und weisen einen geringen Kieselsäuregehalt auf. Im Gegensatz zu sauren Laven zeichnen sie sich durch einen hohen Gehalt an Magnesium-, Eisen- und Kalziumoxiden aus. Basaltische Lava ist sehr dünnflüssig und kann bisweilen hohe Fließgeschwindigkeiten erreichen. Ein großer Teil dieser Laven tritt auf dem Meeresboden aus, wo sich die typischen abgerundeten Formen der Kissenlava bilden.

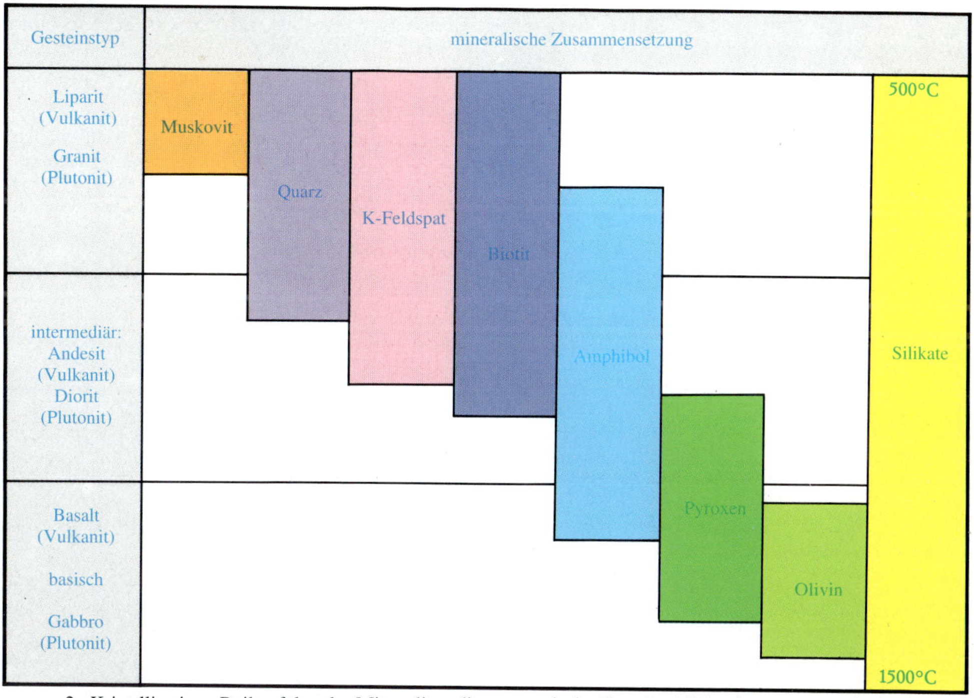

2. Kristallisations-Reihenfolge der Mineralien, die magmatische Gesteine bilden (von unten nach oben).

sind, gehören auch jene von Dekkan, Indien, die sich über 300.000 km² erstrecken, sowie die Basalte des Paranà-Beckens in Brasilien, die gar 900.000 km² umfassen.

Limburgit. Dieses basaltische Gestein ist von rötlichbrauner Farbe. In der Grundmasse, die zum großen Teil aus Gesteinsglas gebildet wird, finden sich vor allem Augit und Olivin.

Magmatismus, magmatische Differentiation

Unter Magma versteht man eine silikatische Masse, die in geringeren Mengen verschiedene Elemente enthält, wie z. B. Na, K, Al, Ca, Fe und Mg sowie kleinste Konzentrationen aller anderen Elemente, wobei vor allem H, F, Cl und S eine wesentliche Rolle während des Erstarrungsprozesses spielen.
Dieser setzt dann ein, wenn sich die durch die Klüfte und Spalten der Erdkruste aufsteigenden Magmen abzukühlen beginnen.
Der Erstarrungsprozeß läßt sich (nach P. Niggli und A. Rittmann) in drei Phasen gliedern: während der ersten, der *orthomagmatischen Phase*, kristallisieren die Mineralien mit dem höchsten Schmelzpunkt (1200 bis 700 °C); nachdem die Mineralien der ersten Phase sich von der übrigen Schmelze abgetrennt haben, spalten sich in der zweiten, der *pneumatolitischen Phase*, die gas- und wasserreichen Restschmelzen in verschiedenen Formen ab; in dieser Phase kristallisieren die Mineralien mit relativ niedrigem Schmelzpunkt. Mit zunehmender Abkühlung beginnt schließlich bei etwa 375 °C die *hydrothermale Phase*, bei der die im Wasser gelösten Mineralien in den Klüften und Spalten der Gesteine abgelagert werden, wobei vor allem Erzgänge entstehen.
Daß es so viele unterschiedlich aufgebaute magmatische Gesteine gibt, läßt sich durch die sogenannte *magmatische Differentiation* erklären, d. h. durch die Aufspaltung der primären, homogenen Stamm-Magmen in einzelne chemisch unterschiedliche Teil-Magmen.
Nun ist es so, daß diejenigen Mineralien, welche als erste kristallisieren, genügend Raum und Zeit vorfinden, um ihre Kristallform voll auszubilden; den zuletzt kristallisierenden bleiben hingegen nur noch die freigebliebenen Hohlräume, so daß sie ihre eigentliche Form nicht mehr voll entwickeln können. Die isomorphen Mineralien sind folglich auch die ältesten. Die Ausscheidung der verschiedenen Mineralien geht in einer bestimmten Reihenfolge vor sich - zuerst kristallisieren die Nebengemengteile und Erze, z. B. Apatit, Zirkon, Titanit usw.; anschließend die dunklen Gemengteile Olivin, Pyroxen, Amphibol und Biotit sowie die basischen und sauren Plagioklase, schließlich Kalifeldspat und Quarz.
Die mit der Abkühlung des Magmas einsetzende Kristallisation vollzieht sich nach einer ganz bestimmten Ordnung, die nicht unbedingt der Reihenfolge der verschiedenen Schmelztemperaturen entspricht, sondern eher von der jeweiligen chemischen Zusammensetzung der Schmelze abhängt; diese ändert sich nämlich ständig im Laufe der Kristallisation der verschiedenen Mineralien, wobei der Kieselsäuregrad kontinuierlich steigt. Jener Prozeß, der eine Trennung des primären, homogenen Stamm-Magmas in verschiedene, chemisch unterschiedliche Teil-Magmen bewirkt, wird als *magmatische Differentiation* bezeichnet.
In der Natur lassen sich sehr gut die Übergänge zwischen den einzelnen, entsprechend der Differentiation kristallisierten Gesteinen beobachten. Dennoch kann man bei allen Unterschieden im Gesteinsaufbau auch petrographische Gemeinsamkeiten feststellen, die auf den gemeinsamen Ursprung von Gesteinen hindeuten. So läßt sich auch eine Differentiationsreihe aufstellen, die vom basaltischen über das andesitische bis zum rhyolithischen Magma verläuft.
Das ursprüngliche Magma war von basaltischem Charakter und ist durch die teilweise Aufschmelzung (10 bis 30%) des Oberen Erdmantels entstanden. Andesitische und granitische Magmen hingegen sind entweder aus der Teilung von basaltischem Magma oder ebenfalls aus der teilweisen Aufschmelzung des Oberen Mantels bzw. der Kruste hervorgegangen.
Was die basaltischen Magmen betrifft, so sind ihre bedeutendsten vulkanischen Förderzonen vor allem im Bereich der mittelozeanischen Rücken sowie der kontinentalen Riftsysteme, wie etwa der berühmten *Riftvalleys* Ostafrikas, zu finden. Andesitische Magmen wiederum sind typisch für die Subduktionszonen, in denen auch die Entstehung granitischer Schmelzen - sei es durch teilweise Aufschmelzung der Kruste oder durch Teilung von andesitischen oder basaltischen Magmen - anzusiedeln ist.

Plattentektonik: Vom Magma zum Vulkangestein

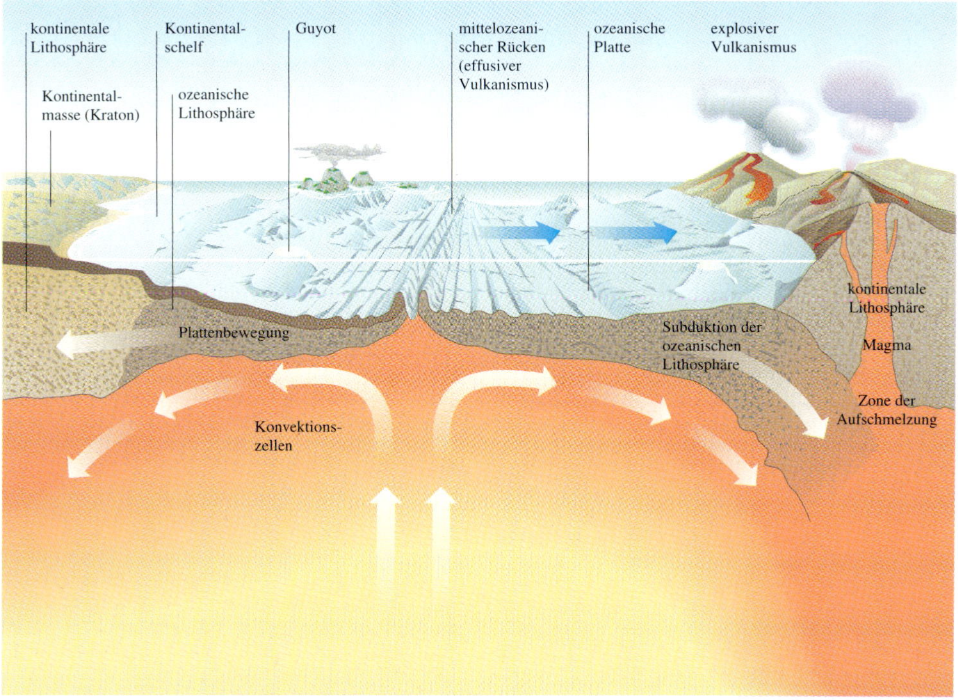

1. Dynamik des Erdinneren und Bildung neuer Teile der Erdkruste

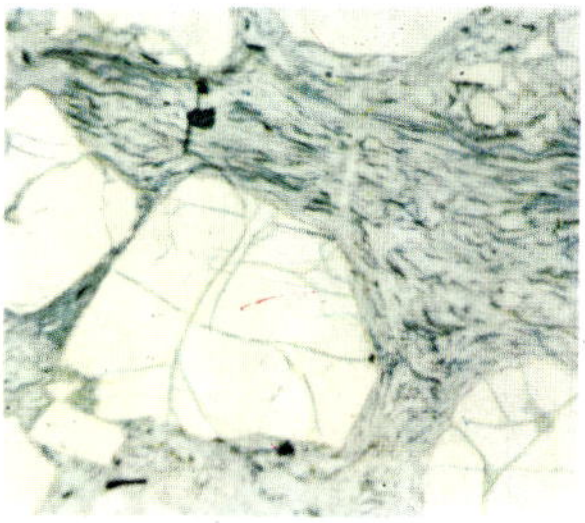

2. Mikroaufnahme von Rhyolith: die unterschiedliche Körnung der verschiedenen Vulkangesteine hängt, abgesehen von den Gemengteilen, auch mit den Bedingungen zusammen, die während der Abkühlungsphase herrschen.

3. Mikroaufnahme von Basalt: deutlich erkennbar ist die feinkörnige Struktur dieser Vulkanite (dicht bis mikrokristallin).

Die endogene Dynamik

Die am Aufbau der Erde beteiligte Materie ist einer ständigen Dynamik ausgesetzt. Sowohl die gesteinsbildenden Mineralien als auch die Gesteine als Ganzes sind der Dynamik eines unaufhörlichen Kreislaufes unterworfen. Sobald sich an der Erdoberfläche Gesteine in Form eines Gebirges konsolidieren, setzen bereits die Kräfte der Erosion ein, um diese Gesteine zur Herstellung eines Gleichgewichts abzutragen und einzuebnen. Dies führt wiederum zu Störungen des Kräftegleichgewichts im Inneren der Erdkruste, weshalb nun diese Kräfte ihrerseits wieder beginnen, in Richtung einer neuen Gebirgsbildung wirksam zu werden; die Gesteine, die auf diese Weise entstehen, unterliegen wiederum der Erosion usw. - diesen im Bereich der Erdkruste ablaufenden dynamischen Kreislauf von sich ständig wiederholenden Phänomenen könnte man als »Lebenszyklus« der Erde bezeichnen; daß die Erde dabei auch »altert«, ist daran zu erkennen, daß jede neue Erosion in ihrer Wirkung schwächer ist als die vorangegangene. Dies bedeutet, daß sich der Kreislauf - wenn auch äußerst langsam - zu einem natürlichen statischen Gleichgewicht zwischen Morphologie und Tektonik hinbewegt. Ist dieser Gleichgewichtszustand schließlich erreicht, so ist der dynamische Kreislauf der Erdkruste zu Ende, und die statische Phase setzt ein. Jener Teil der Geologie, der die verschiedenen Phänomene untersucht, die diesen Kreislauf ausmachen, heißt *Geodynamik.* Wir wollen uns zunächst mit jenen Vorgängen auseinandersetzen, die ihren Ursprung im Inneren der Lithosphäre haben und die in tektonische, seismische und vulkanische Phänomene unterteilt werden können.

Die Plattentektonik

Während der sechziger Jahre hat nach und nach eine Theorie an Bedeutung gewonnen, die tektonische, vulkanische und seismische Vorgänge nach einem einheitlichen Modell untersucht. Dieser Theorie, die als *Plattentektonik* bekannt geworden ist, liegt eine Unterteilung der Lithosphäre in sechs große und eine Reihe kleinerer Platten zugrunde. Diese Platten, die aus einem Teil der Kruste sowie dem oberen Teil des Erdmantels bestehen, ruhen auf dem halbplastischen Material der Asthenosphäre, das sich aufgrund der hohen Temperaturen verflüssigen kann, wodurch die Platten auf dieser Schicht gleiten können. Jene Linien, an denen die Platten miteinander in Kontakt geraten, markieren einen Bereich der Instabilität, wo praktisch die gesamte endogene Dynamik - also Faltungen, Erdbeben und Vulkanismus - ihren Ausgang nimmt. Wenngleich die Platten die gesamte Erdoberfläche bedecken, haben sie doch einen gewissen Bewegungsspielraum - so gibt es einerseits Zonen, in denen die Platten sich ausdehnen, und andererseits Zonen, in denen sie einander »verschlucken«. Große Bedeutung kommt somit den Plattengrenzen zu, die man in drei Kategorien einteilt, nämlich konstruktive oder divergente, destruktive oder konvergente sowie transforme Platten.

Die *divergenten* Plattengrenzen treten an den mittelozeanischen Rücken auf - ein Beispiel dafür ist der Mittelatlantische Rücken. In solchen Zonen steigt basaltisches Magma, das aus der partiellen Aufschmelzung von Peridotiten im Erdmantel entsteht, aus den Klüften und Spalten der Lithosphäre auf und bewirkt auf diese Weise, daß permanent neue Erdkruste gebildet wird. Die destruktiven oder *konvergenten* Plattengrenzen treten dort auf, wo beim Aufeinandertreffen die eine Platte unter die andere abtaucht und dabei quasi »verschluckt« wird. Je nachdem welcher Art die aufeinandertreffenden Platten sind, unterscheidet man hier drei verschiedene Formen. Beim ersten Typus, der vor allem an den asiatischen Pazifikküsten auftritt, sind beide aufeinandertreffenden Platten aus ozeanischer Kruste gebildet, die im großen und ganzen den gleichen Aufbau wie die Gesteine des Mantels aufweist.

Eine der beiden Platten schiebt sich nun entlang der Subduktionszone, die im wesentlichen aus einer geneigten Ebene, der *Benioff-Zone,* besteht, unter die andere. In diesem Bereich sind auch die Herde der großen Erdbeben anzusiedeln. Mit zunehmendem Absinken der Gesteine aus der Lithosphäre sind diese immer höheren Temperaturen ausgesetzt, bis sie schließlich zumindest teilweise mit andesitischen Magmen verschmelzen, die wiederum nach oben steigen und einen vulkanischen Bogen bilden.

Wenn hingegen die beiden aufeinandertreffenden Platten aus kontinentaler Kruste aufgebaut sind, welche leichter als der Mantel ist, kann keine der Platten unter den Rand der anderen abtauchen. Die Gesteine der Erdkruste werden nun an den Plattenrändern komprimiert, gefaltet, gehoben und horizontal verschoben - eine Faltengebirgskette entsteht. Derselbe Vorgang vollzieht sich dabei auch in den tieferen Schichten der kontinentalen Kruste, so daß sich die Krustenteile auch tief nach unten verschieben. Wenn nun jene Kräfte, welche die Platten aufeinander zutreiben, weiter anhalten, obwohl keine weitere Plattenbewegung mehr möglich ist, dann kommt es bei einer der Platten zu Brüchen, woraus eine neue Zone der Instabilität hervorgeht. Ein typisches Beispiel für eine

Plattentektonik

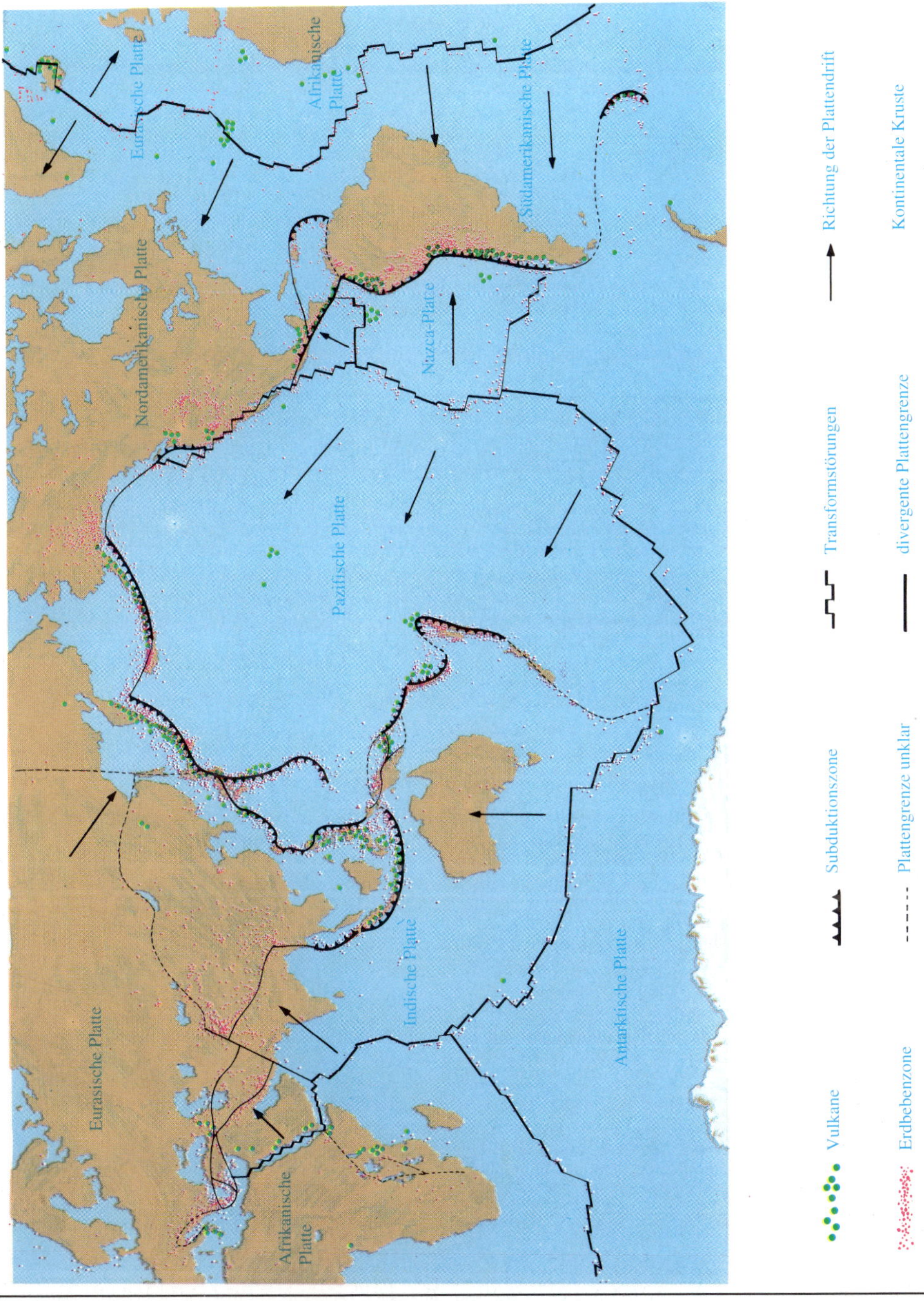

solche Kollision von kontinentalen Platten ist jene, die zur Bildung des Himalajagebirges geführt hat.
Wenn aber eine kontinentale und eine ozeanische Platte kollidieren, dann kommt es zur Subduktion der ozeanischen Lithosphäre unter die kontinentale, wobei die kontinentale Kruste komprimiert wird, so daß schließlich entlang der Küste ein Gebirgszug entsteht. Ein typisches Beispiel für diesen Vorgang sind die Gebirgsketten des amerikanischen Kontinents entlang der Pazifikküste.
Die dritte Form der Plattengrenzen schließlich sind die *transformen* Grenzen; in diesem Fall gleiten die Platten aneinander vorbei, wobei es weder zur Neubildung noch zur Zerstörung von Krustenteilen kommt. Die beiden Platten bewegen sich entlang vertikaler Verwerfungen aneinander vorbei und entwickeln dabei eine beträchtliche Erdbebenaktivität. In diese Kategorie fällt beispielsweise der Andreasgraben in Kalifornien.
Wir wollen schließlich noch einige Phänomene näher betrachten, die sich innerhalb der Platten abspielen. So zeigt beispielsweise das Ostafrikanische Grabensystem alle Anzeichen von divergenten Plattengrenzen - eine Zone, an der letztendlich die Entstehung eines neuen Meeresarmes zu erwarten ist. Beim Roten Meer wiederum ist dieser Prozeß noch weiter fortgeschritten - die Entwicklung verläuft in Richtung Abtrennung der Arabischen Platte von der Afrikanischen Platte bei gleichzeitiger Neubildung von ozeanischer Kruste. Ein etwas komplexeres Phänomen ist der aktive Vulkanismus, der im Inneren der Platte entsteht (Intraplattenvulkanismus) - hierfür sind die Vulkaninseln der Pazifischen Platte zwischen Hawaii und der Halbinsel Kamtschatka ein typisches Beispiel.
Dieser Vulkanismus ist an das Vorhandensein von stationären Hitzekonzentrationen des Erdinnern geknüpft, von denen aus das Magma des Mantels aufsteigt. Diese sogenannten *hot spots*, die allem Anschein nach durch einen aus dem tieferen Erdmantel aufsteigenden heißen Materiestrom zustandekommen, werden zusammen mit dem Phänomen des *sea floor spreading*, also der ständigen Ausbreitung des Meeresbodens, als Voraussetzung dieser Art von Vulkanismus betrachtet.
Was die Energie betrifft, welche die Plattenbewegungen bewirkt, so sind wir heute immer noch auf Spekulationen angewiesen. Während manche Wissenschaftler der Ansicht sind, daß für die Bewegung der Platten Konvektionszellen (Strömungskreisläufe) des Magmas verantwortlich sind, meinen andere, daß diese Konvektionszellen lediglich die Auswirkung und nicht die Ursache der Plattenbewegung sind. Die Platten würden demnach durch Zugkräfte in Bewegung gesetzt, die in den Subduktionszonen entstehen.
Das Zusammenwirken der verschiedenen Vorgänge rund um die Gebirgsbildung ist immer noch eines der großen ungelösten Rätsel der Geologie; es handelt sich um ein komplexes, unendlich langsam ablaufendes Phänomen, an dem eine ganze Reihe von eng miteinander verknüpften Vorgängen beteiligt sind - insbesondere Sedimentation, Faltung, Gesteinsmetamorphose und Vulkanismus. Der Prozeß der Gebirgsbildung ist ein Phänomen, das weite Teile der Erdkruste betrifft und das in ein- und derselben Region im Laufe der Zeit wiederholt auftreten kann. Bisher ungelöst ist die Frage nach dem Ursprung der ungeheuren Kräfte, die letztlich bewirken, daß die Gesteinsschichten zusammengepreßt, gefaltet und gehoben werden.
Die verschiedenen Interpretationen des Phänomens der Gebirgsbildung stützen sich im wesentlichen auf den Begriff der *Geosynklinale*. Dieser schon im vorigen Jahrhundert geprägte Terminus bezeichnet jene riesigen Einsenkungen der Erdoberfläche, die sich im Laufe von Jahrmillionen mit Sedimenten füllen und schließlich durch seitlichen Druck gestaucht, gefaltet und zu einer Gebirgskette aufgewölbt werden.

Kontinentalverschiebung

Schon vor der Entdeckung der mittelozeanischen Rücken und dem Durchbruch der Theorie der Plattentektonik war die Idee aufgetaucht, daß die Kontinente in ihrer heutigen Form das Produkt von Prozessen sein müssen, die im Laufe der geologischen Zeitalter zur Vereinigung und erneuten Trennung der kontinentalen Massen geführt haben. Alfred Wegener war es, der im Jahre 1910 die verschiedenen in diese Richtung gehenden Ansätze zur Theorie der Kontinentalverschiebung zusammenfaßte. Diese Theorie, die immer wieder modifiziert wurde, ermöglicht eine recht detaillierte Rekonstruktion der Erdoberfläche und ihrer Entwicklung bis etwa 200 Millionen Jahre zurück, als die Kontinente noch eine einheitliche Landmasse bildeten. Dieser »Superkontinent« *Pangäa* war von einem einzigen riesigen Ozean, *Panthalassa* genannt, umgeben; entstanden war er vor rund 250 Millionen Jahren aus der Verschmelzung der damaligen Großkontinente Gondwana und Laurasia.

Kontinentalverschiebung

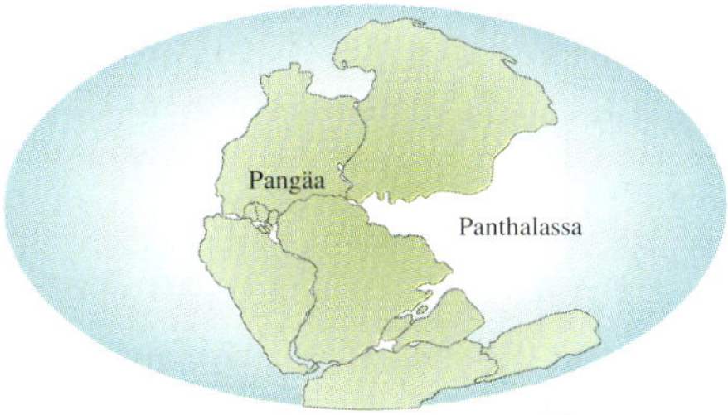

a) zu Beginn des Juras (≈ 190 Mio. J.)

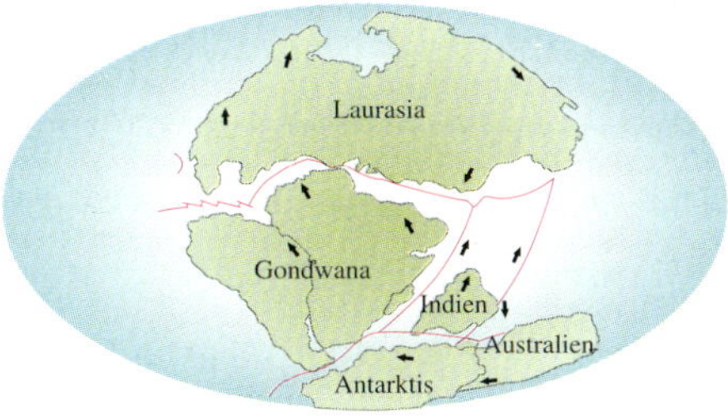

b) zu Beginn der Kreidezeit (≈ 136 Mio. J.)

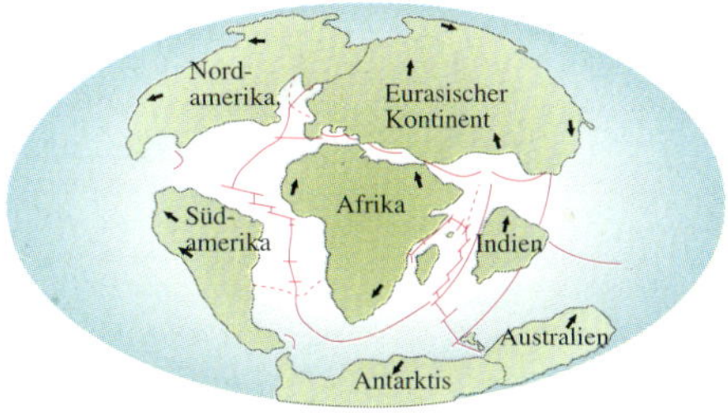

c) zu Beginn des Känozoikums (≈ 64 Mio. J.)

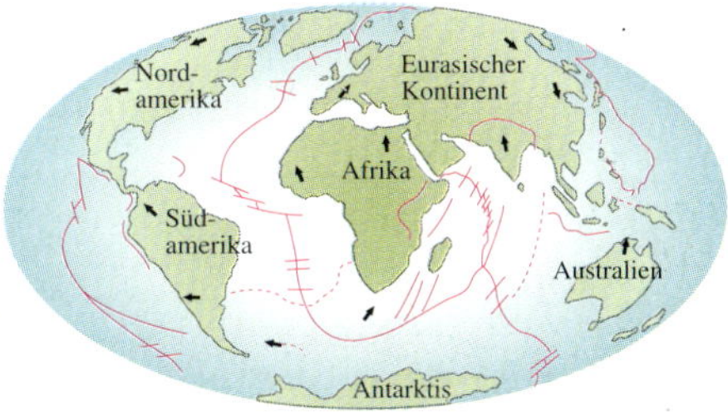

d) gegenwärtige Konstellation

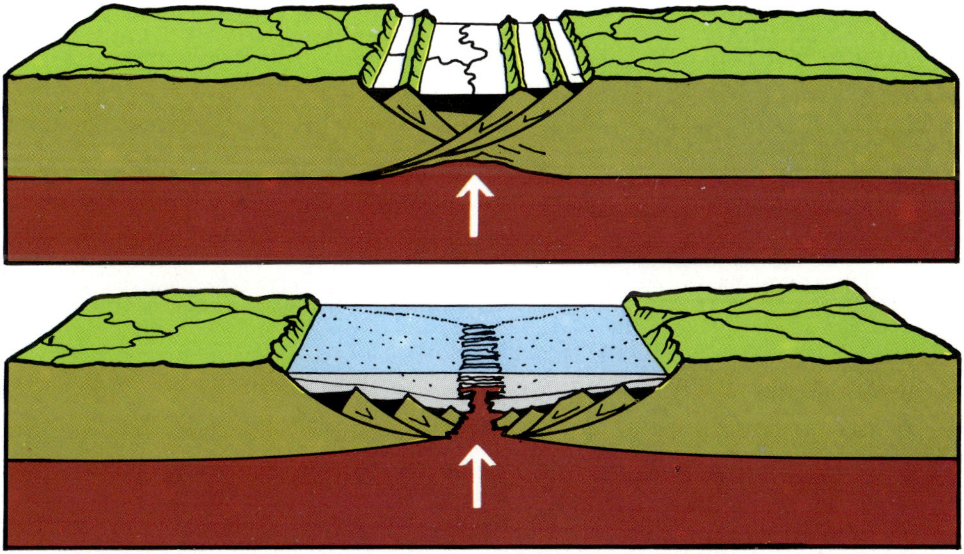

2. Zwei Platten driften auseinander: an diesen divergenten Plattengrenzen wird die kontinentale Kruste ausgeweitet und verdünnt. In der Folge zerbricht die obere Kruste an einer Reihe von Störungen. Im Senkungsbereich kommt es zur Ablagerung von Sedimenten und gleichzeitig zum Aufstieg von basaltischer Lava. Wenn sich die Platten weiter auseinanderbewegen, entstehen zwei Kontinente und dazwischen neue ozeanische Kruste.

Faltentektonik

Geologische Falten bestehen im wesentlichen aus zwei Teilen - der Mulde oder *Synklinale* sowie dem Sattel, der *Antiklinale*. Dazwischen liegt als Verbindungsglied eine geneigte Ebene, die *Sattelflanke*. Die Scheitel der ineinandergestellten Schichtgewölbe werden durch die *Achsenfläche* miteinander verbunden. Als *Faltenachse* betrachtet man die Schnittlinie der Achsenfläche mit der Schichtfläche.

In Richtung der Faltenachsen liegt auch das sogenannte *Streichen der Faltenzüge*.

Im Querschnitt lassen sich sehr gut die verschiedenen Arten von Falten unterscheiden:

stehende oder *aufrechte* Falten mit senkrechter Achsenfläche (= Symmetrieebene) sowie *vergente* (= schiefe oder liegende) Falten, bei denen die Achsenfläche nach einer Richtung geneigt ist.

Wenn die Falte annähernd horizontal verläuft, spricht man von einer *liegenden* Falte. Normalerweise legt sich bei der Faltenbildung jede neue Falte über die älteren; bei den liegenden Falten ist dies jedoch umgekehrt - hier ruht die ältere Schicht über der jüngeren. Verlaufen bei solchen Falten die Schenkel parallel, so handelt es sich um *isoklinale* Falten.

Wenn die faltungsbildenden Kräfte verstärkt in eine Richtung wirksam werden, so wird die Falte in diese Richtung geschoben; eine der Flanken wird solange gestreckt, bis es schließlich zum Bruch bzw. zur Bildung einer *Verwerfung* kommt. Dieses Phänomen tritt auch bei den liegenden Falten auf. Hier kann es vorkommen, daß auf die obere Flanke eine derartige Kraft ausgeübt wird, daß sie sich über die untere Flanke hinwegschiebt und so über beträchtliche Strecken transportiert wird; man spricht in diesem Fall von einer *Verschiebung*.

Wenn die Form der Falten von der Erosion zerstört wird oder wenn die Falten von einer derartigen Größe sind, daß wir sie gar nicht als solche wahrnehmen können, dann ist es immer noch möglich, sie an der Richtung bzw. der Inklination ihrer Schichten zu erkennen. An diesen Merkmalen lassen sich - vor allem mit Hilfe eines Geologenkompasses - auch Falten rekonstruieren, die von der Erosion völlig verformt sind.

Bruchtektonik

Die dynamischen Prozesse der Erdkruste können - wie wir gesehen haben - zu Deformationen durch Faltung führen.

Wenn nun durch die Kräfte, die auf die Kruste einwirken, die Grenze der Gesteinsfestigkeit überschritten wird, dann kommt es zum Bruch. Wenn die unter einer inneren Spannung stehenden Gesteine brechen, ohne sich dabei zu verlagern, so spricht man von einer *Kluft*; wenn mit dem Bruch allerdings eine Verschiebung parallel zur Bruchfläche verbunden ist, liegt eine sogenannte *Verwerfung* oder Dislokation vor.

Am Beginn dieses Vorgangs steht eine starke Dehnung der betreffenden Schicht, bis schließlich die Gesteinsfestigkeit überschritten wird und der Bruch sich vollzieht. Verwerfungen kommen prinzipiell in allen Gesteinstypen vor, wobei man sie besonders in Sedimentschichten daran erkennt, daß die Schollen beiderseits der Verwerfung nicht mehr zusammenpassen. Die Bewegung oder Verschiebung vollzieht sich entlang einer Ebene, die als *Verwerfungsfläche* bezeichnet wird.

Unter der *Sprunghöhe* versteht man den Grad der vertikalen Verschiebung einer Schicht bzw. den Höhenunterschied zwischen zwei Schichten.

Je nach der Lage der Verwerfungsfläche spricht man einerseits von einer *vertikalen* Verschiebung, andererseits von einer Schrägabschiebung bzw. -aufschiebung. Eine *Abschiebung* (auch *normale Verwerfung* genannt) liegt dann vor, wenn eine Scholle im Verhältnis zur anderen in Richtung der Verschiebungsfläche absinkt; im umgekehrten Fall spricht man von *gegensinnigen Verwerfungen*, auch *Auf-* oder *Überschiebung* genannt.

Je nachdem ob die Ränder einer Verwerfung einander berühren oder durch eine mehr oder weniger breite Kluft getrennt sind, spricht man von *geschlossenen* bzw. *offenen* Verwerfungen. Bei der geschlossenen Form führen die Verschiebungen sowie die Reibung zwischen den Gesteinen zu geschliffenen oder gar polierten Verwerfungsflächen, den sogenannten *Spiegeln*, an denen deutlich die Verschiebungsrichtung abzulesen ist. Bei der offenen Form hingegen füllt sich die durch die

Falten- und Bruchtektonik

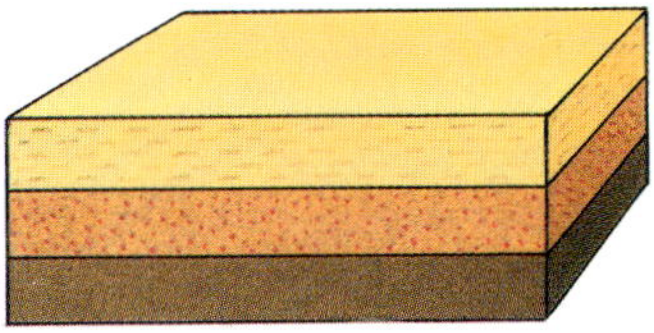

1. Horizontale Schichten

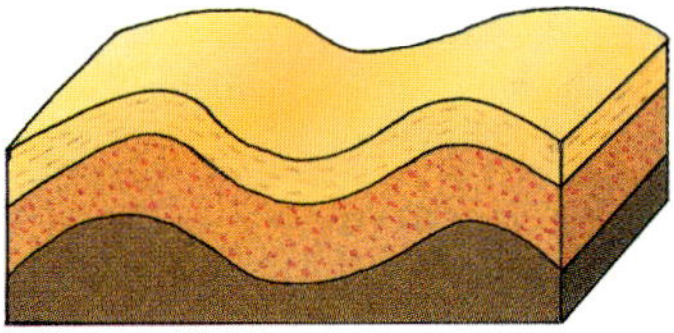

2. Stehende (aufrechte) Falte

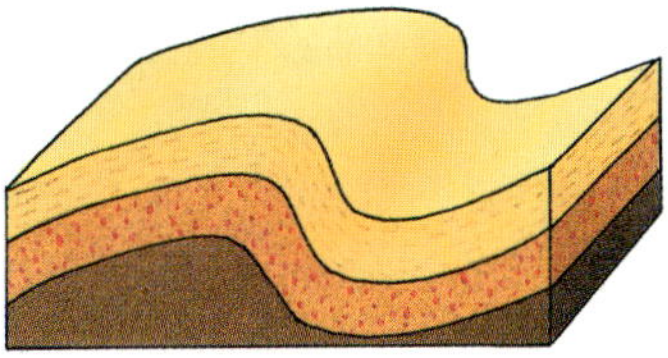

3. Schiefe Falte

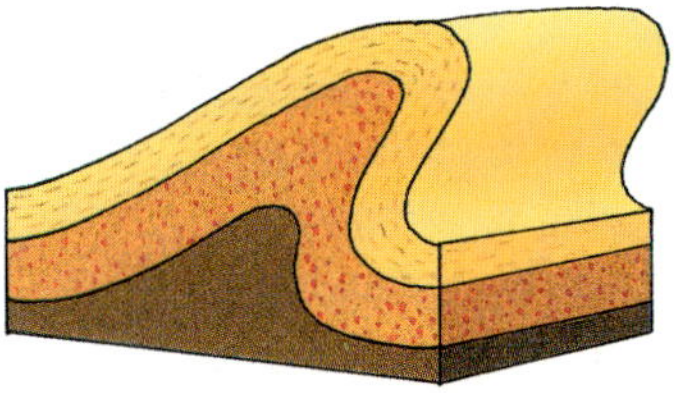

4. Überkippte Falte

5. Isoklinale Falte

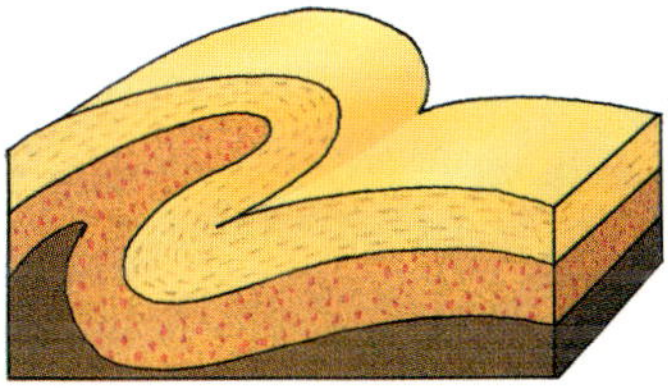

6. Liegende Falte

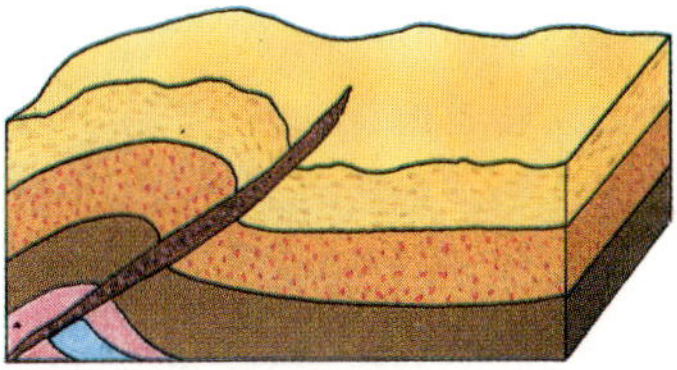

7. Bruchfaltung

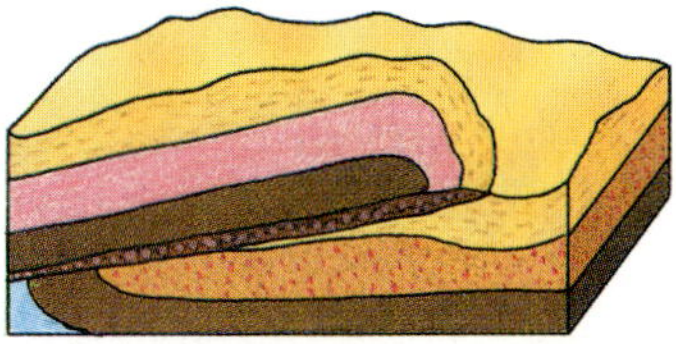

8. Überschobene Falte

Verwerfung entstehende Spalte mit zermahlenen Gesteinstrümmern - man spricht von der *Verwerfungsbreccie*.
Oftmals erscheint eine Verwerfung in Form einer zwischen zwei Störungen stark abgesunkenen Scholle; in solchen Fällen ist die Verwerfung durch einen beträchtlichen Höhenunterschied gekennzeichnet. Wenn jedoch die Gesteine durch die Erosion mehr oder weniger eingeebnet wurden, zeigt sich die Verwerfung lediglich an den Brüchen in der Sedimentschicht sowie an dem dazwischen angehäuften Gesteinsmaterial bzw. den glatt polierten Verschiebungsflächen.

Erdbeben

Seismische Bewegungen oder Erdbeben sind Erschütterungen der Erdkruste, welche durch kurze Dauer, aber große Intensität gekennzeichnet sind, so daß sie bisweilen verheerende Auswirkungen nach sich ziehen können. Die Erforschung der Erdbebentätigkeit, der Häufigkeit und der geologischen Bedingungen ihres Auftretens wird als *Seismologie* bezeichnet.
Es gilt als erwiesen, daß die unmittelbare Ursache eines Erdbebens stets in einer plötzlichen, ruckartigen Freisetzung von gestauter Deformationsenergie zu finden ist. Die Bewegungen im Erdinneren, die infolge dieser Instabilität auftreten, führen zu jener Erschütterung, die sich in Form von seismischen Wellen ausbreitet. Jener Punkt, von dem die Erschütterungen ausgehen, wird als *Erdbebenherd* oder Hypozentrum bezeichnet. Von dort pflanzen sich die Wellen bis zur Oberfläche fort. Jener Ort an der Erdoberfläche, an dem das Beben seine stärkste Wirkung erreicht, wird *Epizentrum* genannt. Liegt dieses Epizentrum am Meeresboden, so kann eine enorme Flutwelle entstehen, die sich unter Umständen über viele tausend Kilometer ausbreitet, bis sie schließlich mit enormer Zerstörungskraft die Küste erreicht - ein Phänomen, das unter der japanischen Bezeichnung *Tsunami* bekannt ist.
Die Erdstöße im Herd des Bebens können im wesentlichen zwei Arten von Wellen hervorbringen - die longitudinalen P-Wellen *(undae primae)* sowie die transversalen S-Wellen *(undae secondae)*, bei denen die Partikel des Erdkörpers senkrecht zur Fortpflanzungsrichtung hin- und herschwingen. Wenn diese Wellen die Erdoberfläche erreichen, lösen sie eine dritte Art von Welle aus, die L-Wellen *(undae longae)* oder *Oberflächenwellen*, die sich ausschließlich entlang der Erdoberfläche ausbreiten.
Die Eigenschaften der Erdbebenwellen und ihrer Ausbreitung können mit Hilfe von speziellen Instrumenten, den *Seismographen*, näher untersucht werden. Diese Geräte basieren auf dem Prinzip, daß Bodenerschütterungen nur durch einen gegenüber dem Erdboden ruhenden Vergleichspunkt gemessen werden können. Dies wird durch ein Pendel gewährleistet, wobei die trägen, am Pendel aufgehängten Massen im Falle eines Bebens (relativ zum erschütterten Erdboden) annähernd in Ruhe verharren.
Die seismischen Bewegungen werden auf einem Registrierstreifen mit Zeitmarkierung oder auf Magnetband aufgezeichnet. Ist der Erdboden mehr oder minder unbewegt, so zeichnet der Seismograph eine nahezu gerade Linie; kaum setzt jedoch ein Beben ein, kommt es zu Ausschlägen des Pendels - es erscheinen jene typischen Kurven, welche die Ankunft der ersten P-Wellen melden. Der Verlauf des Bebens wird auf diese Weise entsprechend den aufeinanderfolgenden Serien von Wellen im Seismogramm wiedergegeben:
1. die P-Wellen, die sich mit einer Geschwindigkeit von 6 km/s durch den Erdkörper ausbreiten;
2. die S-Wellen, die mit etwas geringerer Geschwindigkeit auf demselben Weg folgen;
3. die L-Wellen, die sich an der Erdoberfläche mit einer Geschwindigkeit von 4 bis 5 km/s ausbreiten.

Die P-Wellen können mehrmals an der Erdoberfläche reflektiert werden: PP- oder PPP-Wellen sind demnach einfach bzw. zweifach reflektierte Longitudinalwellen; ein- bzw. zweifach reflektierte transversale Wellen werden dementsprechend als SS- bzw. SSS-Wellen bezeichnet.
Da man die Zeit des Eintreffens und die Fortpflanzungsgeschwindigkeit der einzelnen Wellen kennt, läßt sich daraus ohne Schwierigkeit ermitteln, in welcher Richtung und Entfernung der Bebenherd liegt. Mitunter kommt es vor, daß sich der Bebenherd in bis zu 700 km Tiefe befindet.
Die Erforschung der Erdbebentätigkeit sowie ihrer geographischen Verbreitung hat uns Einblicke über die innere Struktur der Erde ermöglicht und auch einen klaren Zusammenhang dieser Phänomene mit den Prozessen der Gebirgsbildung nachgewiesen; schließlich war das Studium dieser Vorgänge auch eine der Voraussetzungen für die Entwicklung der Theorie der Plattentektonik. Wie sich herausstellte, sind die Hypozentren der sogenannten »zirkumpazifischen Tiefherdbeben« stets auf bestimmten Flächen zu finden, die in einem Winkel von etwa 45° vom Ozean unter den Kontinent einfallen und die als *Benioff-Zonen* bekannt sind.
Die meisten Erdbeben entstehen in Tiefen bis zu

Erdbeben und Seismographie

1. Am Tag nach dem Erdbeben von Irpinia, Italien (1980): ein Bild der Verwüstung

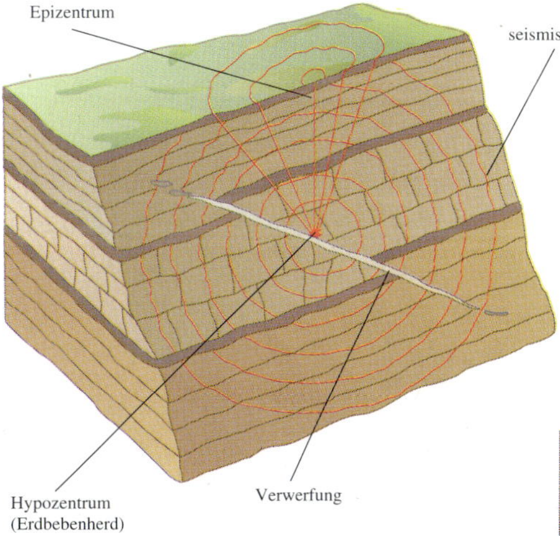

2. Fortpflanzung der seismischen Wellen

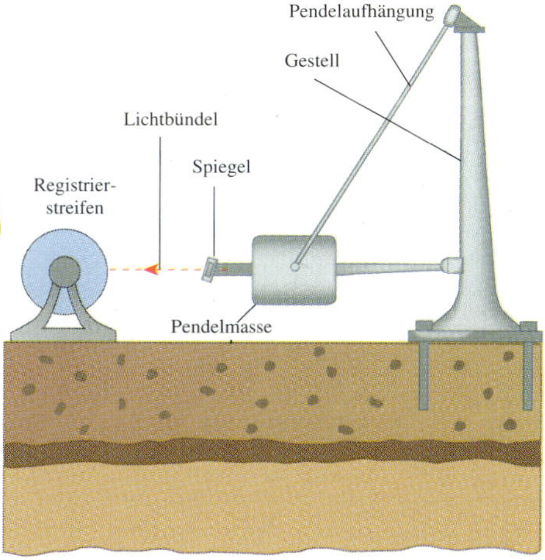

3. Schematische Darstellung eines Seismometers

70 km, also innerhalb der Erdkruste. Ab dieser Tiefe nimmt die Erdbebenaktivität deutlich ab, so daß in etwa 100 km Tiefe nur noch sehr sporadisch Erdbebenherde entstehen.

Vulkanismus

Vulkane nennt man jene Stellen, an denen geschmolzene Gesteinsmassen (Magma), welche durch die Erdkruste aufsteigen, schließlich als Lava an die Erdoberfläche treten. Jene tiefen Risse in der Lithosphäre, die den Vulkanherd mit der Erdoberfläche verbinden, heißen Aufstiegskanäle oder *Schlote*. Nicht zuletzt mit Hilfe der Plattentektonik ist es gelungen, die Ursachen der verschiedenen Formen des Vulkanismus zu beschreiben.

Im Bereich der Inselbögen bzw. der Kontinentalränder wird im Zusammenhang mit der Aufschmelzung von Gesteinen der Erdkruste im Bereich der Subduktionszonen zähflüssige andesitische und in geringerem Umfang auch rhyolithische Lava freigesetzt. Entlang der mittelozeanischen Rücken sowie der Riftzonen treten basaltische Magmen auf, die aus der teilweisen Aufschmelzung von Peridotiten im Bereich des Erdmantels (in 100 bis 200 km Tiefe) hervorgehen.

Der Vulkan selbst besteht aus einer Erhebung, dem Vulkankegel, dessen trichterförmiger Krater das obere Ende des Schlotes darstellt, durch den die Lava sowie die pyroklastischen Gesteine nach oben steigen; unter diesen »Pyroklastika« versteht man u. a. Blöcke von heißer, halb flüssiger, halb fester Lava - die sogenannten vulkanischen Bomben -, vulkanische Asche sowie kleinere Brocken, die Lapilli.

Die Entstehung des Vulkankegels ist eine direkte Folge der Eruption, in deren Verlauf sich Lava und niederfallende Lockermassen, die Pyroklastika, um den Ausbruchspunkt anhäufen. Bei der Eruption werden drei Arten von Förderprodukten - nämlich gasförmige, feste und flüssige - freigesetzt.

Das Entweichen von gasförmigen Förderprodukten ist mit einer enormen Rauchsäule verbunden, die eine Höhe von mehreren Kilometern erreichen kann. Die Gase können sich aber auch als dichte Wolke mit großer Geschwindigkeit herabsenken; diese Glutwolken, in deren Innerem Temperaturen von rund 1000 °C herrschen können, bestehen aus H_2O, CO_2, N, H, CH_4, Metallchloriden, Schwefeldioxid usw. Sehr häufig entweichen diese Gase brennend aus dem Krater.

Die festen Förderprodukte können von verschiedener Art und Größe sein. Sie stammen entweder aus den Wänden des Schlotes sowie von der Vulkanbasis, oder aber es handelt sich um Brocken von in der Luft erstarrter Lava, die durch Explosionen emporgeschleudert werden. Diese hochgeschleuderte Lava bildet in der Luft jene rundlich geformten Brocken, die man *vulkanische Bomben* nennt. Die bei der Eruption freigesetzte Asche wiederum kann vom Wind über beträchtliche Entfernungen verweht werden.

Aus dem Vulkan entweicht nicht zuletzt auch flüssiges Material - und zwar entweder aus dem Krater selbst oder aus neu aufbrechenden Spalten. Die über 1000 °C heiße Masse fließt als richtiggehender *Lavastrom* den Vulkankegel hinab. Während sich die dünnflüssigen basaltischen Laven oft über weite Gebiete ergießen, bilden die zähflüssigen sauren Schmelzflüsse gleich beim Austritt aus dem Krater ausgedehnte Decken oder aber die sogenannten Staukuppen.

Der abkühlende Lavastrom bildet zwar an der Oberfläche rasch eine harte Kruste, die eigentliche Masse darunter bleibt jedoch oft noch sehr lange flüssig. Dieses Phänomen ist die Ursache für das Auftreten der sogenannten *Stricklava*.

Wenn Lava erstarrt, dann ist dieser Vorgang stets mit einer Verminderung des Volumens verbunden. Dabei bilden sich häufig geometrisch regelmäßige Klüfte und Risse, was z. B. bei Basalt mit der Entstehung von sechseckigen Säulen verbunden ist. Imposante Beispiele für diese Säulenbildung finden sich in Schottland und Irland (z. B. »Giant's Causeway« bei Portrush, Nordirland).

Vulkantypen

Die einzelnen Vulkantypen unterscheiden sich einerseits nach Art und Verlauf der Eruption, andererseits nach der Beschaffenheit der Lava.

Die vor allem in Island häufig vorkommenden *Linearvulkane* sind dadurch gekennzeichnet, daß die (dünnflüssige) Lava entlang tiefer Spalten austritt, ohne daß sich Vulkankegel bilden *(Linien-* oder *Spalteneruption)*. Ein Beispiel für die Entstehung eines Vulkans dieses Typs war das Aufreißen der über 20 km langen Laki-Spalte im Jahr 1783 in Island.

Vor allem in Hawaii findet man einen Vulkantyp, der durch besonders dünnflüssige Lavaströme gekennzeichnet ist. Bei solchen gasarmen Vulkanen kommt es weder zu Explosionen noch zur Bildung von Glutwolken. Zu den bekanntesten Vertretern dieses Typs zählen der Mauna Loa und der Mauna Kea auf Hawaii.

Die Hänge dieser *Schildvulkane* sind sehr flach, wobei der Krater (so wie im Fall des Kilauea auf Hawaii) oft von einem Lavasee erfüllt ist. Ein Phänomen, das häufig bei solchen Vulkanen auftritt, ist »Peles Haar«, ein Netz aus hauchdünnen Glasfäden, die vom Wind an manchen Stellen angehäuft werden und die nach der hawaiischen Vulkangöttin Pele benannt sind, die der Sage nach im Halemaumau-Lavasee wohnen soll. Etwa alle

Vulkanismus

1. Vulcano, eine der nördlich von Sizilien gelegenen Liparischen Inseln, weist immer noch aktiven Vulkanismus auf, wie sich vor allem am Gran Cratere mit seinen Fumarolen zeigt.

2. Schematische Darstellung eines Schichtvulkans

acht Jahre kommt es zum Ausbruch, in dessen Verlauf die Lava in breiten Strömen zum Meer hinab fließt. Die riesige Basaltdecke des Dekkan-Plateaus in Vorderindien, um nur ein Beispiel zu nennen, ist auf solche gewaltigen basaltischen Lavaströme zurückzuführen.

Beim Typus der *gemischten* oder *Strato- (bzw. Schicht-)vulkane* ist die Eruption bisweilen mit heftigen Explosionen verbunden. Dabei bildet sich aus Lava und Tuff ein regelmäßiger Kegel, der Schichtvulkan.
Infolge der Explosionen bilden sich ein oder auch mehrere Krater, aus denen enorme Mengen von vulkanischer Asche, Lapilli, und andere Pyroklastika geschleudert werden. Wenngleich die Lava bei solchen Vulkanen recht zähflüssig ist, können sich dennoch mächtige Ströme bilden.
Die Vulkaninsel Krakatau in Indonesien wurde im Jahr 1883 durch eine enorme explosive Eruption zu zwei Dritteln zerstört. Auch der verheerende Ausbruch des erloschen geglaubten Vesuv im Jahr 79 n. Chr. ist ein typisches Beispiel für die Explosion eines Schichtvulkans.

Die Vulkane des »Pelée«-Typus schließlich sind eigentlich nur eine besondere Form des Schichtvulkantypus, sind sie doch ebenfalls durch mächtige Explosionen und besonders zähflüssige Lava gekennzeichnet; darüber hinaus sind sie aber auch mit der Bildung von dichten Glutwolken verbunden, die große Mengen von vulkanischer Asche mit sich führen. Dieser Vulkantyp ist von der *Montagne Pelée* auf Martinique abgeleitet, wo sich 1902 bei einer heftigen Eruption von bereits halberstarrter Lava eine 400 m lange »*Lavanadel*« bildete, die schließlich von den darunter eingeschlossenen Gasen in einer ungeheuren Explosion gesprengt wurde.

Postvulkanische Erscheinungen
Wenn der eigentliche Ausbruch schon lange beendet ist, werden aus dem Vulkan an mehreren Stellen immer noch heiße Gase und Wasserdampf »ausgehaucht«, Orte die als *Fumarolen* bezeichnet werden. Diese aus Wasserdampf, Chloriden, Fluoriden und freiem Chlor bestehenden Gase können Temperaturen von über 800 °C erreichen.
Solfataren nennt man Exhalationen, deren Temperaturen sich nicht in derart extremen Höhen bewegen (400 bis 150 °C) und die neben Wasserdampf auch einen beträchtlichen Anteil an Schwefelverbindungen enthalten.
Zu diesen postvulkanischen Erscheinungen zählen schließlich auch die *Geysire*, jene heißen Springquellen (70 bis 100 °C), die sich durch ihren hohen Gehalt an gelöster Kieselsäure und Kalkspat auszeichnen. Berühmt sind vor allem die Geysire Islands sowie jenen des Yellowstone-Parks in den USA.

Vulkantypen

1. Linearvulkan (Island)

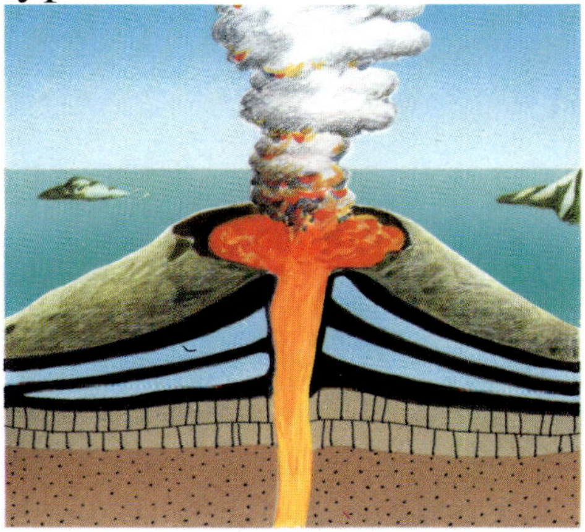

2. Schildvulkan (Hawaii)

3. Schichtvulkan

4. Peléanischer Vulkantyp

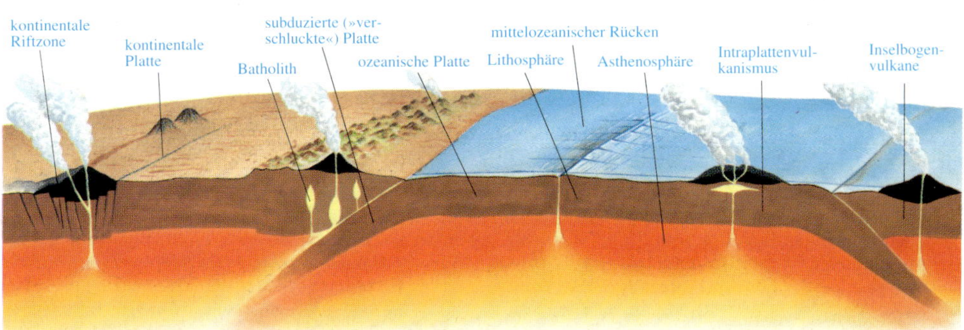

5. Zonen vulkanischer Aktivität

Die exogene Dynamik

Die Geodynamik der exogenen (außenbürtigen) Vorgänge ist ein Teil der Geologie, der sich mit Ursachen und Wirkungen jener Kräfte beschäftigt, die die Erdoberfläche formen. Gegenstand der Betrachtung sind dabei Phänomene wie der Stoffkreislauf der irdischen Materie an oder in der Nähe der Erdoberfläche, die Erosionstätigkeit der Meeresbrandung sowie die marine Sedimentation, aber auch die Dynamik im Bereich der Atmosphäre und der Ozeane.

Der Stoffkreislauf an der Erdoberfläche

Drei Phasen prägen den Kreislauf der irdischen Materie an oder nahe der Erdoberfläche: Zerfall bzw. Zersetzung des Gesteins, Transport des zersetzten Materials und schließlich dessen Ablagerung oder Sedimentation. Wenngleich jede dieser Phasen für sich schon als spezieller Umgestaltungsprozeß gesehen werden kann, sollte man doch dabei nie den Kreislauf in seiner Gesamtheit aus den Augen verlieren; die jeweilige Gestalt der Erdoberfläche zu einem bestimmten Zeitpunkt ist stets nur das vorläufige Ergebnis einer umfassenden permanenten Umgestaltung.

Verwitterung

Die erste Phase des Kreislaufs besteht in der Veränderung des Gesteins der Erdoberfläche durch atmosphärische Einflüsse (sprich: Wetter) - von daher leitet sich auch der Ausdruck *Verwitterung* ab. Handelt es sich dabei um einen mechanisch bedingten Gesteinszerfall, so spricht man von der physikalischen Verwitterung. Daneben spielen aber auch chemische Prozesse eine Rolle; durch eine teilweise oder völlige Umwandlung der gesteinsbildenden Mineralien bewirken sie eine Gesteinszersetzung oder chemische Verwitterung.
Der Gesteinszerfall wird besonders durch die Bildung von Gesteinsklüften begünstigt. Solche Klüfte entstehen häufig durch die Druckentlastung, die sich ergibt, wenn Gesteine aus großer Tiefe an die Erdoberfläche gehoben werden. Bei vulkanischem Gestein ist vor allem die Volumsverminderung bei der Abkühlung für die Bildung von Klüften verantwortlich. Solche Klüfte sind zunächst oft nur sehr fein, doch durch die Kräfte der Verwitterung weiten sie sich mitunter zu beträchtlichen Spalten aus, wodurch die Verwitterung nur umso stärker einsetzen kann.
Infolge der nächtlichen Abkühlung sind diese Klüfte - wenn Wasser eindringt, das gefriert und sich ausdehnt - einem zunehmenden Druck ausgesetzt, so daß sich schließlich Gesteinsbrocken zu lösen beginnen. Besonders günstige Voraussetzungen für diese Verwitterungskräfte sind hohe Temperaturunterschiede zwischen Tag und Nacht, wie sie vor allem für höhergelegene Zonen charakteristisch sind.
Auch die thermische Ausdehnung der Mineralien und Gesteine bei Sonnenbestrahlung ist Ursache für Spannungen, die bereits bestehende Klüfte vergrößern können. Im letzten Stadium des Zerfalls wirken auch biogene Kräfte an der Verwitterung mit - hier sind es vor allem Pflanzenwurzeln, die in Gesteinsklüfte eindringen und durch ihr Wachstum zunehmenden Druck auf das umgebende Gestein ausüben, ja dieses sogar sprengen können.
In den gemäßigten Klimazonen ist der Einfluß der mechanisch-physikalischen Kräfte eher indirekter Natur; indem sie nämlich das Eindringen von Wasser ins Gestein ermöglichen, ebnen sie der chemischen Verwitterung den Weg. In trockenen Klimazonen oder im Hochgebirge sind hingegen nahezu ausschließlich die physikalischen Einflüsse direkt an der Umformung der Erdoberfläche beteiligt.
Was die Zersetzungsprozesse betrifft, so ist deren Verlauf je nach den Eigenschaften der gesteinsbildenden Mineralien verschieden. Während Quarz chemisch praktisch nicht löslich ist, wird beispielsweise Kalkstein in kohlendioxidreichem Wasser (Kohlensäure) zersetzt. Solche Zersetzungsprozesse sind sowohl in tiefen Schichten des Grundwassers als auch durch oberflächennahes Sickerwasser möglich. Die in Lösung gehenden Elemente wirken ihrerseits auf andere Mineralien ein und lösen damit eine Reihe von chemischen Reaktionen aus, die schließlich zur Bildung von unlöslichen Mineralien wie etwa Ton führen. Die Dauer dieser komplexen Prozesse hängt von den Witterungseinflüssen sowie von der Wassermenge und der Beschaffenheit des Gesteins ab.
Die chemischen Umwandlungsprozesse können jedoch auch ablaufen, ohne daß die betreffenden Mineralien in Lösung gehen. Unter einer solchen *Pseudomorphose* versteht man eine Mineralumbildung unter Erhaltung der Kristallform, jedoch unter Auflösung der bisherigen Substanz, so daß ein neues Mineral entsteht. So wandelt sich beispielsweise der schwer lösliche Anhydrit allein durch Wasseraufnahme in Gips um.
Das Endprodukt dieser Verwitterungsprozesse ist einerseits *Sand* bzw. *Felsschutt,* und zwar dann, wenn vor allem Gesteinszerfall vorliegt - sowie *Ton* -, wenn hauptsächlich chemische Einflüsse am Werk sind. Bei besonders stark ausgeprägter chemischer Verwitterung kommt es in tropischen Klimazonen zur Bildung von Bauxit und Laterit, zwei

Vom Gestein zum Sand

1. Zerfall und Zersetzung der Gesteine: die erste Phase im Kreislauf der Materie

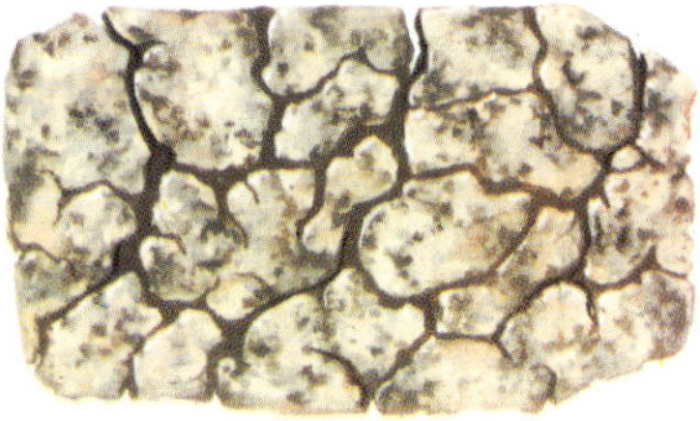

Das Gestein zeigt an Rissen bereits die ersten Anzeichen des Zerfalls

Durch Verwitterung gelockertes Gesteinsmaterial

Gerundete Partikel: Verwitterungsprodukte von Quarz und Feldspat

1. Wasser ist maßgeblich an Erosion und Transport von Gesteinen beteiligt

chemische Verwitterung

Letztes Stadium: Ablagerung als Ton

Abtragung und Ablagerung durch Wind und Wasser

Letztes Stadium: Ablagerung als Sand

unlöslichen Al- bzw. Fe-Hydroxiden. Eine besondere Aufgabe im Rahmen dieser Verwitterungsprozesse kommt den Pflanzen zu. Mit dem ständigen »Nachschub« an organischen Substanzen tragen sie wesentlich zur Bildung einer dünnen Oberflächenschicht bei, in der sich all jene biochemischen Vorgänge abspielen, die immer neues pflanzliches Leben ermöglichen. Diese Schicht, die in verschiedenen Teilen der Erde von unterschiedlicher Stärke ist und ohne die kein Leben auf der Erde möglich wäre, wird allgemein als *Boden* bezeichnet.

Abtragung und Transport

Der Abtransport des durch die Verwitterung entstandenen Materials kann auf dreierlei Weise vor sich gehen: durch Eis, Wasser (Grund- oder Oberflächenwasser) und Wind.

Diese drei Faktoren sind jedoch nicht allein für den Abtransport des verwitterten Materials verantwortlich, sondern üben durch dieses Geschehen eine zusätzliche Erosionswirkung aus, wodurch sie einer Landschaft ihre charakteristische Prägung verleihen, indem sie z. B. Flußtäler, Wüsten usw. entstehen lassen.

Geologische Tätigkeit von Eis, Wasser und Wind

Eis. In den kalten Regionen, den Polarzonen und im Hochgebirge fallen die Niederschläge in Form von Schnee, der bei Temperaturen unter dem Gefrierpunkt auch am Boden seine ursprüngliche Beschaffenheit beibehält. Die riesigen Mengen von Schnee, die sich im Winter anhäufen, bilden oberhalb der Schneegrenze nach ihrer Verfestigung beträchtliche Eismassen. Diese wiederum gleiten, dem Gesetz der Schwere folgend, talwärts. Solche Eismassen werden als *Gletscher* bezeichnet.

Gletscher entstehen in hochgelegenen Zonen, wo der beständige Schneefall den Eismassen stets neue Nahrung liefert; diese Zone trägt den Namen *Nährgebiet*. Die Eismassen gleiten nun talwärts, wobei sie einen wahren Eisstrom bilden - die *Gletscherzunge*. Dieser Teil des Gletschers kann von beträchtlicher Länge sein; während der Beginn der Zunge noch im Nährgebiet liegt, wo sie ständig mit Schnee versorgt wird, reicht der untere Teil bereits in das *Zehrgebiet*, in dem Abschmelzen und Verdunstung bereits größer als der Niederschlag sind. An der *Gletscherstirn*, dem Ende der Zunge, halten sich Abschmelzung und vom Gletscher herangeführtes Eis die Waage.

Die Bewegung dieser großen Eismassen - von der Firnmulde, in der die Anhäufung von Schnee erfolgt, bis zur Gletscherstirn - geht äußerst langsam vor sich, und zwar mit einer Geschwindigkeit von 10 bis 100 m pro Jahr. Wie bei Gewässern ist auch beim Gletscher die Geschwindigkeit in der Mitte größer als am Rand; der Beweis dafür wurde erbracht, als man quer zur Fließrichtung eine Linie von Pfählen zog, die nach einer gewissen Zeit einen talwärts gewölbten Bogen bildeten.

Das Gletschereis gleicht einem plastischen Körper, der sich weitgehend dem Gelände anpaßt, über das er hinwegfließt. Bei größeren Unebenheiten jedoch kommt es zu Rissen und Brüchen im Eis, die allerdings nicht bis in die untersten Lagen reichen, wo das Eis stets dem Schmelzpunkt nahe ist, was ein völlig plastisches Fließen ermöglicht. Bei den im Eis entstehenden Rissen unterscheidet man Längs-, Quer- und Randspalten.

Während das Eis sich über den steinigen Untergrund schiebt, nimmt es allerlei lockeres Gestein mit sich, reißt Brocken aus den seitlichen Wänden und nimmt auch Gestein von über dem Gletscher liegenden Hängen in sich auf. Diese Fülle von Gesteinsmaterial wird schließlich als *Moräne* abgelagert. Grundsätzlich lassen sich dabei Ober-, Innen- und Grundmoränen unterscheiden. Bei der ersten Form wird der Oberflächenschutt zumeist an den beiden Seiten der Gletscherzunge als *Seitenmoränen* angehäuft, die sich beim Zusammenfluß zweier Gletscher zur *Mittelmoräne* vereinigen können. Dort wo der Gletscher in wärmere Zonen gelangt, bildet sich an seiner Stirn die *Endmoräne*, die besonders große Gesteinsmassen anhäuft, bzw. die *Randmoräne*.

Der Gletscher nimmt auf seinem Weg allerlei Gestein in sich auf; gleichzeitig schleift er den felsigen Untergrund sowie die seitlichen Wände derart beständig ab, daß sich die Form des Tales nachhaltig verändert - besonders deutlich zeigen sich die Auswirkungen der Gletschertätigkeit an den sogenannten *Mulden-* oder *Trogtälern*.

Wasser. Dem Wasser kommt bei der Umformung der Erdoberfläche besondere Bedeutung zu, spielt es doch in allen drei Phasen des Erosionsprozesses eine wesentliche Rolle: bei der chemischen Verwitterung (Wasser ist der entscheidende Faktor bei der Zersetzung von Gesteinen), beim Transport des verwitterten Materials durch Bäche und Flüsse und schließlich auch bei der Ablagerung, für die wiederum Gewässer (Seen und Meere) von großer Bedeutung sind. Wenn man noch die erodierende Wirkung bedenkt, die das Wasser beim Abtransport von Gestein ausübt, wird klar, welch wesentliche Rolle Wasser bei der Gestaltung der Erdoberfläche spielt.

Das Regenwasser fließt entsprechend dem Gefälle des Untergrundes mehr oder weniger rasch zu Tal und reißt bisweilen als Wildbach Erd- und Gesteinsbrocken mit sich. Fallen die Niederschläge in Gebieten mit beträchtlichen Höhenunterschieden, so ist auch die Kraft des Wassers als Transportmittel dementsprechend groß. Besonders heftige Niederschläge können insofern verheeren-

Die geologische Wirkung des Eises

1. Die Ausdehnung von Gletschern ändert sich fortlaufend mit stetigen Klimaschwankungen: der Gletscher auf unserer Abbildung ist bereits in Rückbildung begriffen.

2. Umwandlung bzw. Verbreiterung eines V-förmigen Flußtales zum U-Tal während einer Phase der Vereisung

3. Gletscherkomplex

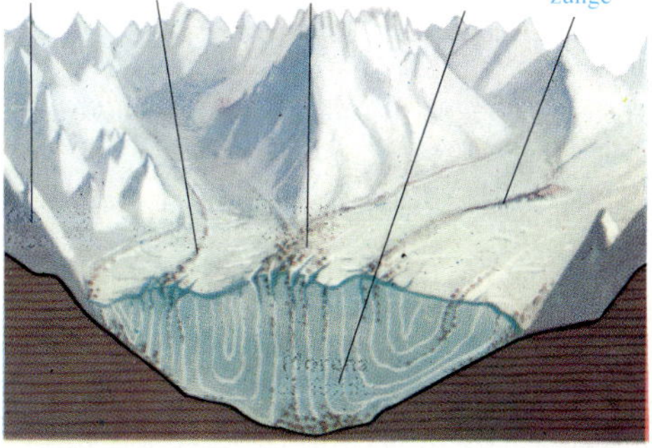

4. Ein Gletscher besteht aus der Firnmulde, in der sich der Schnee sammelt, und den talwärts gleitenden Eismassen der Gletscherzunge.

de Folgen nach sich ziehen, als dadurch die oberste Bodenschicht abgetragen werden kann, welche das gesamte Pflanzenwachstum ermöglicht; auf diese Weise wird auch der Landwirtschaft die Grundlage entzogen.
Man kann fließende Gewässer grundsätzlich in drei Teile gliedern: das *Einzugsgebiet*, wo das Wasser von den Hängen der Umgebung in schmalen Rinnsalen zusammenfließt (und dabei einen riesigen Trichter bildet), das *Bach-* bzw. *Flußbett*, das dem Gewässer nunmehr eine feststehende Bahn gibt, auf der es das in höheren Zonen angesammelte Material talwärts transportiert; und schließlich der *Schuttkegel*, der dort entsteht, wo sich das Gefälle des Flusses (und damit seine Geschwindigkeit) deutlich verringert bzw. wo der Fluß in einen See oder ins Meer mündet (Delta). Man kann den Verlauf eines Flusses somit in *Ober-*, *Mittel-* und *Unterlauf* unterteilen.
Wenn einer der an diesem Kreislauf beteiligten Prozesse (Erosion, Transport, Aufschotterung bzw. Sedimentation) dominiert, so ändert sich der Verlauf des Flusses in Richtung des Gleichgewichtszustandes, der sogenannten Gefällskurve, bei der sich Erosion und Aufschotterung die Waage halten.
Die Erosionswirkung des fließenden Wassers läßt das Flußbett kontinuierlich tiefer sinken und formt die umgebenden Felswände. Dort wo sich im Fluß Strudel bilden, kommt es zu Aushöhlungen, die als Strudellöcher oder *Kolke* bezeichnet werden. Wenn ein Fluß aus einer Zone mit hartem Gestein in weicheres Gestein eintritt, wird das Gelände an diesem Punkt aufgrund der unterschiedlichen Erosionswirkung deutlich steiler - der Fluß bildet einen *Wasserfall*. Häufig entsteht am Fuß des Wasserfalls ein Wirbel, der die weichere Gesteinsschicht aushöhlt und schließlich ein Nachbrechen der überlagernden Schicht am oberen Ende des Wasserfalls bewirkt; durch diese *rückschreitende Erosion* schiebt sich der Wasserfall langsam flußaufwärts. In Zonen, wo die Härteunterschiede nicht so gravierend sind, kommt es lediglich zu einer Erhöhung der Fließgeschwindigkeit - eine Erscheinung, die als *Stromschnelle* bekannt ist.
Bei einem Fluß sind die seitlichen Wände einer doppelt so starken Erosion ausgesetzt, wie das beim Wildbach der Fall ist, der oft Nebenarme ausbildet. Die seitliche Bewegung des Flusses führt zu einem kontinuierlichen Abrieb. Sind die seitlichen Wände aber aus sehr hartem Gestein aufgebaut, so ist die Erosionswirkung auf das Flußbett umso größer, und der Fluß läuft zwischen engen Abhängen hindurch. Ist das seitliche Gestein jedoch eher weich, so wird sich der Fluß auch in der Breite ausdehnen.
Die sogenannte Flußfracht (Geschiebe), d. h. das vom Fluß transportierte Material, ist von unterschiedlicher Form und Größe; Felsbrocken, Schotter und Kieselgestein sind ebenso darunter wie Sande und Ton. Die Ablagerungen, die der Fluß zurückläßt, werden als *Anschwemmung* bezeichnet. Veränderungen in der Strömungsenergie des Flusses, wie sie beispielsweise durch Bewegungen des Gesteinsuntergrundes hervorgerufen werden können, bewirken ein Wechselspiel von Erosion und Aufschotterung, das sich in der Entstehung von *Flußterrassen* niederschlägt.
Die durch die Flußerosion bewirkte Eintiefung führt - im Gegensatz zu den U-förmigen Tälern der Gletschererosion - zur Entstehung der sogenannten *Kerb-* bzw. *V-Täler*, die vor allem in den Alpen häufig anzutreffen sind.
Doch die Tätigkeit des Wassers ist nicht allein auf die Erdoberfläche beschränkt. Ein Teil des Regenwassers dringt in die Erde ein und wird entweder im Boden zurückgehalten oder sickert zwischen den Gesteinshohlräumen in tiefere Schichten ein. Dieses Sickerwasser dringt je nach Beschaffenheit des Gesteins in mehr oder weniger große Tiefen vor, wo es sich dann - über undurchdringlichen Gesteinsschichten angestaut - als Grundwasser sammelt. Von dort kann es tiefergelegen wiederum durch Gesteinsspalten als Quelle ins Freie gelangen oder auch einen Brunnen speisen. Fließt das Grundwasser zwischen zwei undurchlässigen, wasserstauenden Gesteinsschichten ohne vertikale Ausweichmöglichkeit, so steht es unter Druck und kann (durch Bohrungen) als *Artesischer Brunnen* an die Oberfläche steigen.
Die unterirdischen Gewässer üben auf die verschiedenen Schichten, die sie durchwandern, eine zersetzende Wirkung aus, die umso größer ist, je besser löslich die gesteinsbildenden Stoffe sind. In den Kalkmassiven löst das CO_2-reiche Wasser ohne Schwierigkeit den Kalk und bildet die sogenannten Karst-Landschaften, die oft bar jeder Vegetation sind. Auf diese Weise entsteht ein unterirdisches Netz aus Spalten und Höhlen von mitunter beträchtlicher Ausdehnung. Dort, wo sich das Wasser in den von ihm selbst geschaffenen Höhlen sammelt, wird Kalziumkarbonat abgelagert, woraus an der Decke der Höhle nach und nach die sogenannten *Stalaktiten* entstehen, während am Boden die eigenartigen, bizzaren Formen der *Stalagmiten* in die Höhe »wachsen«.

Der Wind. Wie das Wasser bewirkt auch der Wind Abtragung und Transport von abgetragenem Material. Diese Wirkung übt er jedoch nicht direkt aus, sondern mit Hilfe der Teilchen, die er mit sich führt und mit denen er das Gestein »abschleift«.
Voraussetzung für diesen Vorgang ist eine genügend große Menge an transportierbarem, d. h. leichtem, Material, das bereits verwittert bzw. gelockert sein muß. Welcher Art nun die mitgeführten Teilchen sind, hängt einerseits von der Windstärke und andererseits vom Gewicht der

Die geologische Wirkung des Wassers

1. Die Entwicklung der typischen Beckenlandschaft eines Flusses nimmt Millionen von Jahren in Anspruch.

2. Das Wechselspiel von Sedimentation und Erosion führt zur Entstehung von Flußterrassen.

Teilchen ab; die größeren werden als erste wieder abgelagert, während die feineren Teilchen oft über große Entfernungen transportiert werden und sich erst in mehr oder weniger windstillen Gebieten ablagern.
Transport und Ablagerung von Sand kann zur Bildung von Dünen führen, während aus feinerem Flugstaub, der sich vor allem aus Kalksplittern und Tonmineralien zusammensetzt, schließlich der Löß entsteht.
Die geologische Wirkung des Windes entfaltet sich vor allem in Gebieten mit geringer oder fehlender Pflanzendecke, also in besonders trockenem Klima. Früher glaubte man, daß solche Wüstengebiete ausgetrocknete Meere darstellen, doch mittlerweile steht fest, daß eine Wüste durch außerordentliche klimatische Gegebenheiten entsteht, die ihre Ursache in bestimmten geologischen Ereignissen haben. Daraus folgt, daß überall Wüsten entstehen könnten, falls die entsprechenden klimatischen Bedingungen eintreten.
Man unterscheidet zwei Arten von Wüsten, nämlich Steinwüsten, die - wie die Wüste Gobi und das Innere der Sahara - von beträchtlichen Felsformationen geprägt sind, und Sandwüsten, die - so wie große Teile der Sahara - von den fließenden Formen der Dünen geprägt sind. Die erstere der beiden Formen weist Bedingungen auf, in denen fast kein Leben möglich ist; tatsächlich gibt es hier auch nicht die geringsten Anzeichen einer Vegetation. In den Sandwüsten hingegen ermöglicht der von Zeit zu Zeit fallende Regen durchaus eine gewisse Vegetation, die allerdings auf begrenzte Gebiete, die Oasen, beschränkt ist.

Abtragung im Bereich der Küsten

Die Grenze zwischen Land und Meer läßt sich nicht durch eine einfache Linie darstellen; vielmehr handelt es sich um einen mehr oder weniger breiten Streifen, dessen mittlere Zone durch jenen Bereich gebildet wird, der nur bei Flut unter Wasser steht und dessen Breite von der Stärke der Gezeiten sowie dem Küstengefälle abhängt.
Für die abtragende Wirkung des Meeres an den Küsten sind vor allem *Wellen* und *Meeresströmungen* verantwortlich. Erstere entstehen aus einer durch den Wind hervorgerufenen wellenförmigen Bewegung der Wasseroberfläche, die sich bis zur Küste fortpflanzt, wo die Wellen sich schließlich brechen. Die abtragende Wirkung kann zwei extreme Formen hervorbringen - das Kliff und den Strand, je nach Beschaffenheit des Gesteins und der Intensität der einwirkenden Kräfte.
Das beständige Einwirken der Brandung auf den Festlandsockel führt zur Bildung einer Hohlkehle am Fuße des Kliffs, die sich zu einer richtiggehenden Brandungshöhle erweitern kann. Diese Höhlung tieft sich schließlich so weit ein, bis der Überhang nachbricht. Das abgebrochene Gestein wird teilweise weggeschwemmt, während die Einwirkung der Brandung sich fortsetzt; es bildet sich schließlich eine leicht zum Meer hin geneigte Ebene, die *Brandungsplattform*, welche die abtragende Wirkung noch verstärkt, so daß nun die Küste noch wirkungsvoller zurückgedrängt wird. Diese Form der flächenhaften Abtragung durch das Meer wird als marine *Abrasion* bezeichnet. Sobald die Brandungsplattform jedoch eine gewisse Ausdehnung erreicht hat, brechen sich die Wellen an ihr vollständig, so daß sie bereits ohne jede Wucht am Kliff ankommen, das ab diesem Zeitpunkt keiner weiteren Erosion durch die Brandung ausgesetzt ist; die Küste ist nunmehr stabil.
Der Verlauf der Küstenabtragung hängt natürlich wesentlich von der Art der Küste bzw. der Gesteine ab, aus denen die Küste gebildet wird. Welche Wirkung die Erosion auf hartes Gestein der Steilküsten ausübt, haben wir bereits besprochen. Bei weicheren Gesteinen, wie etwa Tongestein, tritt ein anderes Phänomen auf - hier kommt es sehr oft zu einer Hangabtragung durch Rutschungen (Hangrutschen) an den Küsten.
Bei dem anderen Extrem, nämlich sehr harten Gesteinen, wie z. B. Granit, auf welche die Erosion nur eine sehr begrenzte Wirkung ausübt, werden die Küsten vorwiegend durch tektonische Kräfte geformt.
Im Gegensatz zu den der Erosion ausgesetzten Steilküsten herrscht bei den Flachküsten ein Gleichgewichtszustand zwischen Abtragung und Ablagerung. Es bilden sich die typischen bogenförmigen Sandstrände, wobei die Ablagerungen in einiger Entfernung von der Küste - parallel zu dieser - *Sandbänke* bilden können, die eine Abschwächung der Brandung bewirken.
Im Wind- und Strömungsschatten setzt sich das transportierte Material als *Sandhaken* ab; auf diese Weise kann es zur weitgehenden Abschnürung der Bucht kommen - es bildet sich das Haff oder die *Lagune*, welche vom Meer durch den vorgeschobenen Strandwall (Nehrung oder Lido) abgeschnitten ist.

Küstenformen
Grundsätzlich unterscheidet man zwei verschiedene Küstenformen, nämlich die durch das Kliff gebildete *Steilküste* sowie die durch den Sandstrand gekennzeichnete *Flachküste*. Steilküsten lassen sich je nach der Beziehung einer Küste zum Streichen eines hier endenden Gebirges in *Längs-* und *Querküsten* einteilen. Die Form der Querküste findet man beispielsweise an der griechischen Ägäisküste, während die dalmatinische Küste ein eindrucksvolles Beispiel für die Längsküstenform darstellt.

Grundwasser und Quellen

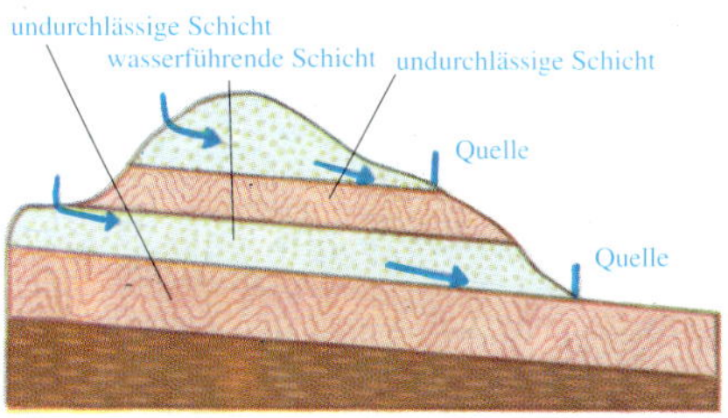

1. Schichtquelle

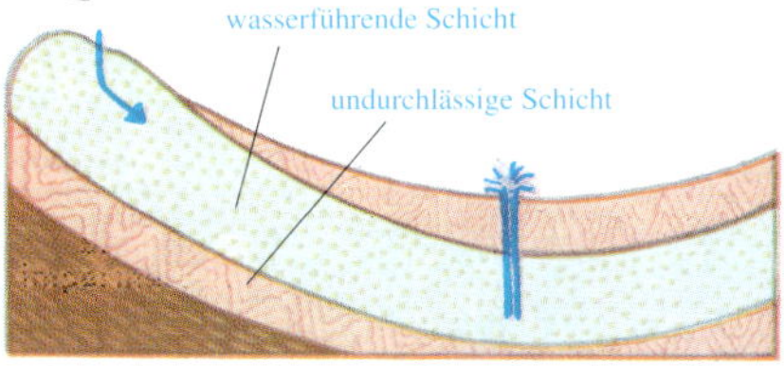

2. Grundwasser, das unter Druck steht, weil es zwischen zwei wasserstauenden Schichten ohne vertikale Ausweichmöglichkeit fließt, wird Artesisches Wasser genannt.

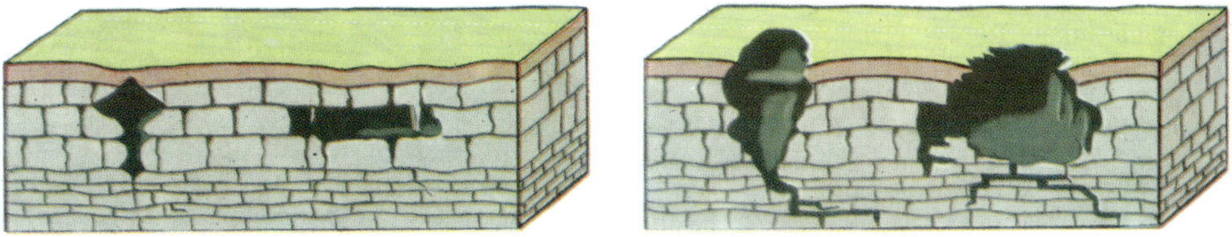

3. Durch Einsturz von unterirdischen Höhlen in Karstgebieten entstehen trichterförmige Einbruchskessel, die Erdfälle oder Dolinen.

4. Sanddünen am Rande der algerischen Wüste

Ozeanographie

Eine wesentliche Rolle in den auf unserem Planeten ablaufenden Kreisläufen kommt den Meeren zu. Wasser, das in so riesigen Mengen an der Erdoberfläche und im oberen Bereich der Erdkruste vorkommt, ist für die grundlegenden Vorgänge sowohl der belebten als auch der unbelebten Natur unerläßlich. Weder tierisches noch pflanzliches Leben wäre ohne Wasser möglich, und selbst die Prozesse der Gesteinsumwandlung vollziehen sich mit Hilfe oder zumindest unter Mitwirkung des Wassers.
Die Ozeane bedecken 71% der Erdoberfläche, wobei die mittlere Tiefe 3200 m beträgt.
Die Kontinente der nördlichen Halbkugel gliedern die Wassermassen der Erde in drei große Ozeane - den Pazifik, den Atlantik und den Indischen Ozean - sowie einige kleinere Nebenmeere.

Der Meeresboden
Lange Zeit war die Beschaffenheit des Meeresbodens unbekannt. Bis zu den zwanziger Jahren unseres Jahrhunderts war man bei der Erforschung des Meeres ausschließlich auf mechanische Hilfsmittel beschränkt, die nicht mehr als eine (noch dazu ungenaue) Tiefenmessung ermöglichten. Mit dem Einsatz von Ultraschallwellen (Echolotung) wurde ein entscheidender Schritt zur gründlichen Erforschung der Morphologie des Meeresbodens getan; mit Hilfe von modernster Radartechnik ist man heute in der Lage, die Topographie der Tiefsee eingehend zu studieren.
Die Erforschung des Meeresbodens hat zu einer Einteilung in vier klar voneinander abgrenzbare Regionen geführt; die erste Zone wird von einer Ebene in geringer Tiefe (150 bis höchstens 180 m) gebildet, die entlang der Küstenlinie verläuft und die als *Kontinentalplattform* (Schelf) bezeichnet wird. Im Anschluß an diese Ebene fällt der Meeresboden stark ab - er bildet, den *Kontinentalabhang*. Darunter beginnt der eigentliche *Meeresboden*, jene ausgedehnten, aber keineswegs ebenen Gebiete, deren Tiefe zwischen 2000 und 6200 m schwankt. Schließlich sind noch jene tiefen, schmalen Gräben zu nennen, deren steil abfallende Wände in Tiefen von über 10.000 m reichen können.
Die Kontinentalplattform stellt eine Art Schwelle zum Festland dar, eine Übergangszone zwischen Land und Meer. Sie besteht im wesentlichen aus Verwitterungsmaterial, das von Gesteinen der Küste stammt.
Erst der Kontinentalabhang reicht in die Tiefen des eigentlichen Meeresgrundes hinab. Trotz seiner im großen und ganzen eher einförmigen Oberfläche weist er immer wieder tiefe Einschnitte auf - die *submarinen canyons*, deren Ausdehnung in einigen Fällen in etwa der Länge der größten Flüsse der Welt entspricht. Ihre Entstehung ist vergleichsweise jüngeren Datums und trotz vielerlei Theorien immer noch nicht wirklich schlüssig erklärt. Der Kontinentalabhang ist nicht nur felsig - es finden sich an seiner Oberfläche auch Schlick und Sande, die sich am Grunde der Canyons (seltener an den Seitenwänden) ablagern.
Der Meeresboden der Tiefsee bietet eine äußerst abwechslungsreiche, bisweilen geradezu atemberaubende Landschaft; da sind zunächst die Tiefsee-Ebenen, jene mehr oder weniger ausgedehnten Beckenlandschaften, die durch riesige submarine Gebirgsketten, die *ozeanischen Rücken,* voneinander getrennt sind. Der bedeutendste unter ihnen, der Mittelatlantische Rücken, verläuft in S-Form von Nord nach Süd. Die submarine vulkanische Aktivität ist in manchen Zonen recht intensiv.
Während manche sehr hohe Vulkane aus dem Meer emporgetaucht und zu Inseln geworden sind, bilden andere jene submarinen Gipfel, die man *Sea Mounts* (Tiefseeberge) nennt. Doch das vielleicht erstaunlichste Phänomen der Tiefsee sind die sogenannten *Guyots*, Berge, die aus inaktiven Vulkanen hervorgegangen sein dürften. Ihre meist kegelförmig abgeflachten Gipfel lassen vermuten, daß sie einst eine gewisse Zeit lang aus dem Meer geragt sind und so einer kontinuierlichen Abtragung unterworfen waren. Daß sich keine Korallen an ihrer Oberfläche bilden konnten, deutet darauf hin, daß sie einen vergleichsweise rasch verlaufenden Senkungsprozeß durchmachten.
Die Sedimente der Tiefsee können verschiedener Herkunft sein.
Die feineren Ablagerungen werden vor allem aus den Schalen planktischer Organismen, der Globigerinen, gebildet (Globigerinenschlamm); daneben spielen aber auch Abtragungsmassen vom Festland eine gewisse Rolle. Große Bedeutung als Meeressediment kommt dem Roten Tiefseeton zu, der im Pazifik die Hälfte und im Atlantischen sowie im Indischen Ozean ein Viertel des Tiefseegrundes bedeckt. Die Ablagerung dieser Sedimente geht äußerst langsam vor sich (ca. 0,4 bis 1,3 cm in tausend Jahren). In verschiedenen Gebieten der Tiefsee findet man eine spezielle Form der Ablagerung, die Manganknollen, die sich aus verschiedenen Metallen (Mn, Cr, Cu usw.) zusammensetzen und die in Zukunft möglicherweise größere wirtschaftliche Bedeutung als Erze erlangen könnten.

Wellen, Meeresströmungen, Gezeiten
Die Ozeane sind Wassermassen in ständiger Bewegung, deren Dynamik sich vor allem in drei Erscheinungsformen äußert, nämlich den *Gezei-*

Erosion und Sedimentation im Meeresküstenbereich

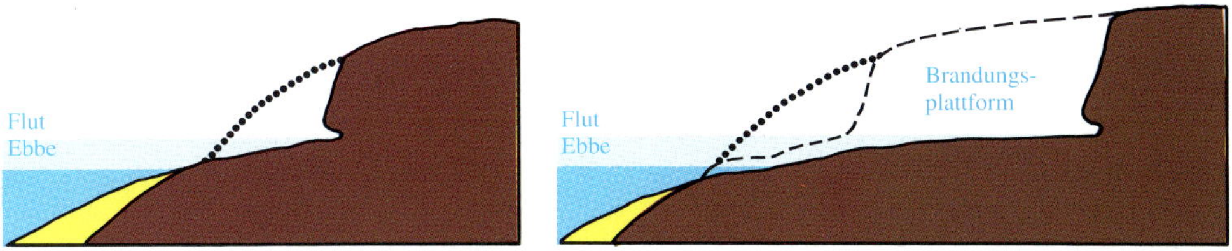

1. Kliffbildung und Küstenversetzung

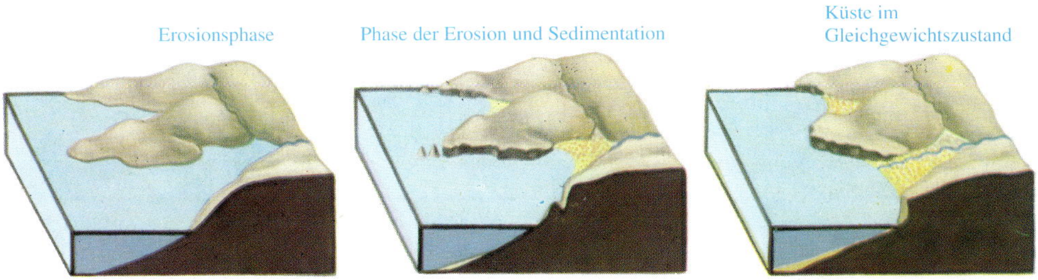

2. Entwicklung eines Küstenprofils

3. Flachküste mit Sandstrand

ten, den *Wellen* und den *Meeresströmungen*. Die Anziehungskraft des Mondes und in geringerem Ausmaß auch der Sonne ruft Schwingungen der irdischen Wasserhülle hervor, die sich in einer abwechselnden Anhebung und Absenkung des Meeresspiegels ausdrücken. Die *Gezeiten* (so der Name dieses Phänomens) bestehen aus einer Phase des Hochwassers, der *Flut*, sowie des Niedrigwassers, der *Ebbe*. Die Stärke der Gezeitenwirkung, d. h. der Unterschied zwischen Ebbe und Flut, ist in verschiedenen Regionen sehr unterschiedlich. Während die Auswirkungen der Gezeiten auf offener See sowie bei kleineren Nebenmeeren eher gering sind, können sie an den Küsten der großen Ozeane Wasserstandsunterschiede bis zu 15 m hervorrufen.

Die *Wellen*, über deren Dynamik wir uns bereits ein Bild machen konnten, sind ein allgegenwärtiges Phänomen, das schon durch geringste Luftdruckunterschiede und durch davon ausgelöste Winde hervorgerufen werden kann. Eine Welle geht zunächst von einem bestimmten Punkt, einer stationären Welle, aus, von wo eine vertikale Schwingung von Wasserteilchen auf benachbarte Wasserteilchen übertragen wird, wobei keine nennenswerte horizontale Bewegung entsteht.

Größe und Geschwindigkeit der Wellen hängen direkt von Stärke sowie Wirkdauer und Wirklänge des Windes ab. Bei stärkerem, länger andauerndem Wind bilden sich größere Wellen, die man *Schwerewellen* nennt. Besonders große Wellen eilen mit größerer Geschwindigkeit voran als der Wind. Windböen sowie der ständige leichte Wechsel der Windrichtung bewirken eine komplexe Deformation der Wasseroberfläche, gekennzeichnet durch die Überlagerung von größeren und kleineren Wellen (Seegang). Sobald der Seegang sich aus dem Einflußbereich des Windes entfernt hat, bleiben nur die langperiodischen Wellen als Dünung übrig.

Wenn eine Hochseewelle mit großem Tiefgang sich dem Küstenbereich nähert, wird die Schwingungsbahn der Wasserteilchen deformiert, so daß die Welle in ihrer Geschwindigkeit gebremst und in der Form steiler wird.

Aus der Schwingungswelle wird auf diese Weise eine Übertragungs-(= Translations-)welle. Bei weiterer Deformation kommt es schließlich zur Bildung der Brandungswellen, bei denen die Geschwindigkeit der Wasserteilchen in der Schwingungsbahn schließlich größer wird als die Fortpflanzungsgeschwindigkeit der Welle, so daß die Wellenkämme brechen.

Die *Meeresströmungen* sind durch Wind bzw. Dichteunterschiede hervorgerufene Wasserbewegungen, die man als richtiggehende Ströme innerhalb des Meeres betrachten könnte. Die allgemeine ozeanische Zirkulation läßt sich vereinfacht in zwei mächtigen Strömungsbewegungen darstellen - die eine nördlich, die andere südlich des Äquators -, die beide von Ost nach West gerichtet sind. Zwischen diesen beiden Strömen fließt nun in entgegengesetzter Richtung ein äquatorialer Gegenstrom. Wo die beiden Ströme auf die östlichen Ränder der Kontinente treffen, werden sie jeweils polwärts abgelenkt.

Die in den Polarzonen entstehenden kalten Strömungen fließen wiederum Richtung Äquator und kompensieren so die in umgekehrter Richtung bewegten Wassermassen.

Meeresströmungen

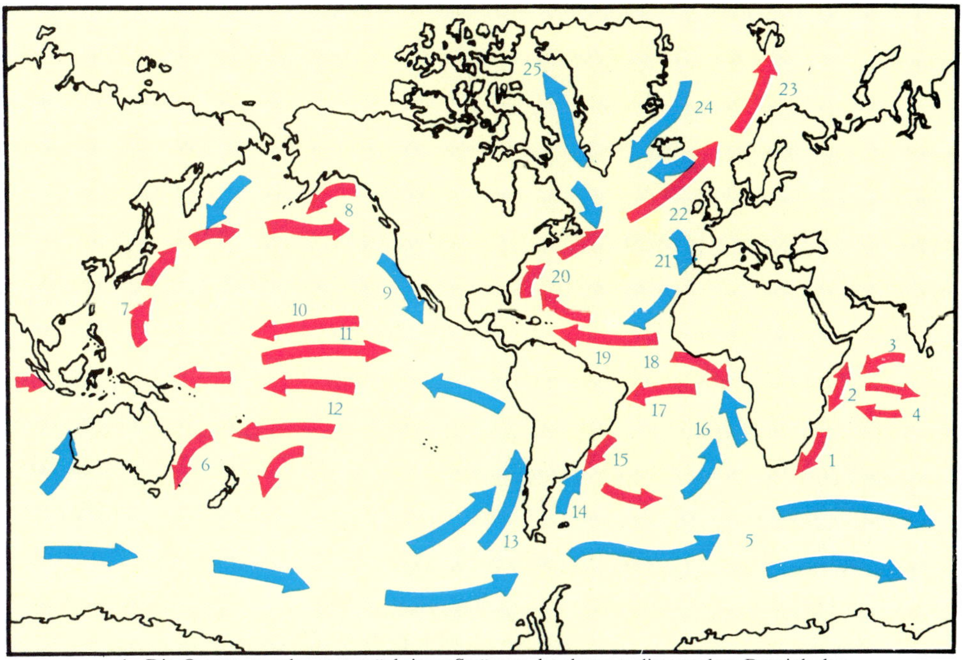

1. Die Ozeane werden von mächtigen Strömen durchquert, die aus dem Bereich der subtropischen Hochdruckzone westwärts fließen und an den östlichen Rändern der Kontinente polwärts abgelenkt werden. Im Gegensatz zu diesen warmen oberflächennahen Strömen fließen die kalten Strömungen langsamer und in größeren Tiefen.

Die Meeresströmungen:
1. Agulhasstrom
2. Somalistrom
3. Nordäquatorialstrom
4. Südäquatorialstrom
5. Antarktischer Zwischenstrom (Westwinddrift)
6. Westaustralstrom
7. Kuroschio
8. Alaskastrom
9. Kalifornischer Strom
10. Nordäquatorialstrom
11. Äquatorial-Gegenstrom
12. Südäquatorialstrom
13. Humboldtstrom
14. Falklandstrom
15. Brasilstrom
16. Benguelastrom
17. Südäquatorialstrom
18. Äquatorial-Gegenstrom
19. Nordäquatorialstrom
20. Golfstrom
21. Kanarenstrom
22. Nordatlantischer Strom
23. Norwegischer Strom
24. Ostgrönlandstrom
25. Westgrönlandstrom

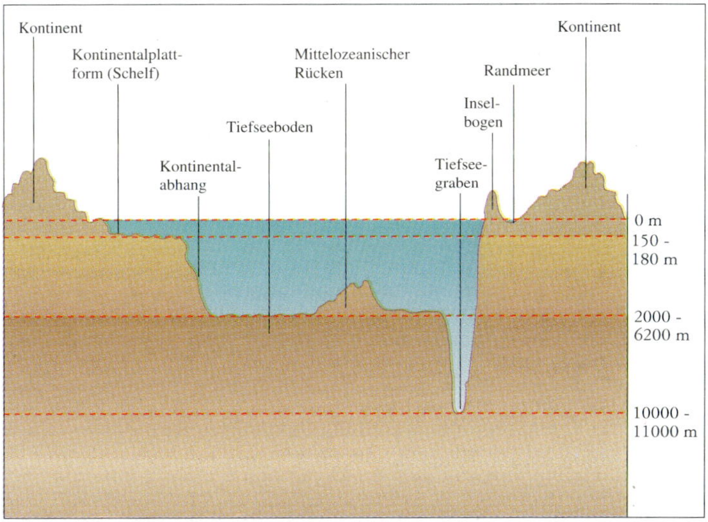

2. Schematische Darstellung eines ozeanischen Beckens

Meteorologie

Zusammensetzung der Atmosphäre
Die Erde ist von einer Gashülle umgeben, die als *Atmosphäre* bezeichnet wird. Diese Hülle stellt einen Schutz gegen solare und kosmische Strahlung dar, deren Wirkung sie entweder abschwächt oder durch Absorption völlig aufhebt. Sie enthält auch die für das Leben unerläßlichen Gase Sauerstoff und Kohlendioxid. Ihre durchschnittliche Zusammensetzung sieht folgendermaßen aus: 78% Stickstoff, 21% Sauerstoff, 0,93% Argon, 0,03% Kohlendioxid, daneben Wasserdampf sowie eine Reihe weiterer Gase in geringfügigen Mengen, wie etwa Helium und Methan.
Die Zusammensetzung der Luft ist vom Meeresniveau bis hinauf in große Höhen praktisch konstant, jedoch nimmt die Dichte mit zunehmender Höhe spürbar ab. In 10 km Höhe ist beispielsweise das Atmen schon sehr schwierig, da der Sauerstoffgehalt durch den abnehmenden Luftdruck schon sehr gering ist; in 20 km Höhe ist nicht mehr genügend Sauerstoff vorhanden, um eine Kerze anzuzünden. Mit zunehmender Höhe wird die atmosphärische Hülle immer dünner, bis sich die Gaspartikel schließlich in den Weltraum verflüchtigen.
Diese Zone der Auflösung der Atmosphäre beginnt, so meinen die einen, bei 385 km und endet bei 650 km, während andere wiederum der Auffassung sind, daß sie von 950 km bis 9600 km reicht. Ab einer Höhe von rund 60 km ändern sich die physikalischen Bedingungen der Lufthülle aufgrund des niedrigen Luftdrucks grundlegend, was eine Einteilung der Atmosphäre in zwei große Schichten nahelegt - die meteorologische Atmosphäre und die Ionosphäre. Erstere gliedert sich ihrerseits in eine unterste Schicht, in der sich praktisch das gesamte Wettergeschehen abspielt, die *Troposphäre*; daran anschließend - in rund 12 km Höhe - eine völlig unbewegte Zone, die *Tropopause*, gefolgt von der *Stratosphäre*, die bis in 60 bis 70 km Höhe reicht.
Die Temperaturen in diesem Bereich lassen eine erstaunliche Unregelmäßigkeit erkennen. In der Troposphäre nimmt sie um ca. 6 °C pro km ab, so daß es bereits in der Tropopause sehr kalte Schichten gibt (-63 °C bzw. 210 K). In der Folge nimmt die Temperatur allerdings bis in etwa 50 km Höhe wieder zu, wobei man hier eine Temperatur-Bandbreite von 275 bis 375 K (2 bis 102 °C) vorfindet; die mittlere Temperatur in dieser Zone liegt bei 325 K (52 °C). Danach sinkt die Temperatur bis in 80 km Höhe wieder bis auf ca. 190 K. Ab dieser Höhe nimmt die Temperatur der nun allerdings nur noch spärlich vorhandenen Moleküle wieder kontinuierlich zu.
In Höhen zwischen 15 und 50 km wird durch Einwirkung der ultravioletten Strahlen aus dem Luftsauerstoff *Ozon* gebildet. Obwohl der Anteil dieses Gases an der Atmosphäre nur rund 0,001% beträgt, absorbiert es fast die gesamte ultraviolette Strahlung.
Diese Absorptionswirkung des Ozons, die in rund 50 km Höhe am größten ist, wird auch als Ursache für die hohen Temperaturen in dieser Zone angesehen.
Ab 60 bis 80 km Höhe kommt es durch die kosmische Strahlung sowie die UV-Strahlung der Sonne zu einer Ionisierung der Gasmoleküle, so daß man in diesem Bereich von der Ionosphäre spricht.

Atmosphärische Zirkulation
Die Hauptursachen für die in der Atmosphäre herrschende Dynamik sind in beträchtlichen Temperaturunterschieden der verschiedenen Breiten sowie in der Erdrotation zu sehen. Daraus ergibt sich die Zirkulation großer Luftmassen (Wind) sowie die Mischung von kalten mit warmen Luftmassen, die mit Wasserdampf gesättigt sind - auf diese Weise entstehen Wolken und schließlich Regen.
Ohne die Erdrotation würde sich die Luft in Äquatornähe erwärmen und aufsteigen, während sich die polare Luft abkühlen und sinken würde. Durch den Luftdruckunterschied würde sich die warme Luft in den hohen Schichten der Troposphäre polwärts bewegen, während sich in tieferen Schichten kalte Luft von den Polen zum Äquator verschieben würde.
Tatsächlich wird die in Äquatornähe aufsteigende Luft durch kühlere Luftströme in tieferen Schichten »ersetzt«, die auf der Nordhalbkugel aus Nordost, auf der Südhalbkugel aus Südost wehen, was in der ablenkenden Kraft der Erdrotation begründet ist.
Die Luftmassen werden also durch die Erdrotation aus der meridionalen Richtung abgelenkt, so daß sich am Äquator eine Tiefdruckfurche, dort aber, wo die polaren Luftmassen abgelenkt werden, eine Hochdruckzone bildet.
Die Zirkulation der Luftströme wird aber auch durch die unterschiedliche Erwärmung von Land und Meer beeinflußt; dadurch bilden sich ausgedehnte Luftmassenwirbel, die je nach ihrem Drehsinn als Hoch- oder Tiefdruck bezeichnet werden, wobei drei große Luftströmungen zu unterscheiden sind: Südost- bzw. Nordostpassat, Westwind sowie polarer Ostwind. Denselben Ursprung hat auch der *Monsun*, der sechs Monate vom Land zum Meer und sechs Monate in umgekehrter Richtung weht.
Die atmosphärische Zirkulation erzeugt auf der einen Seite Zonen hohen Luftdrucks bzw. höherer

Die Atmosphäre

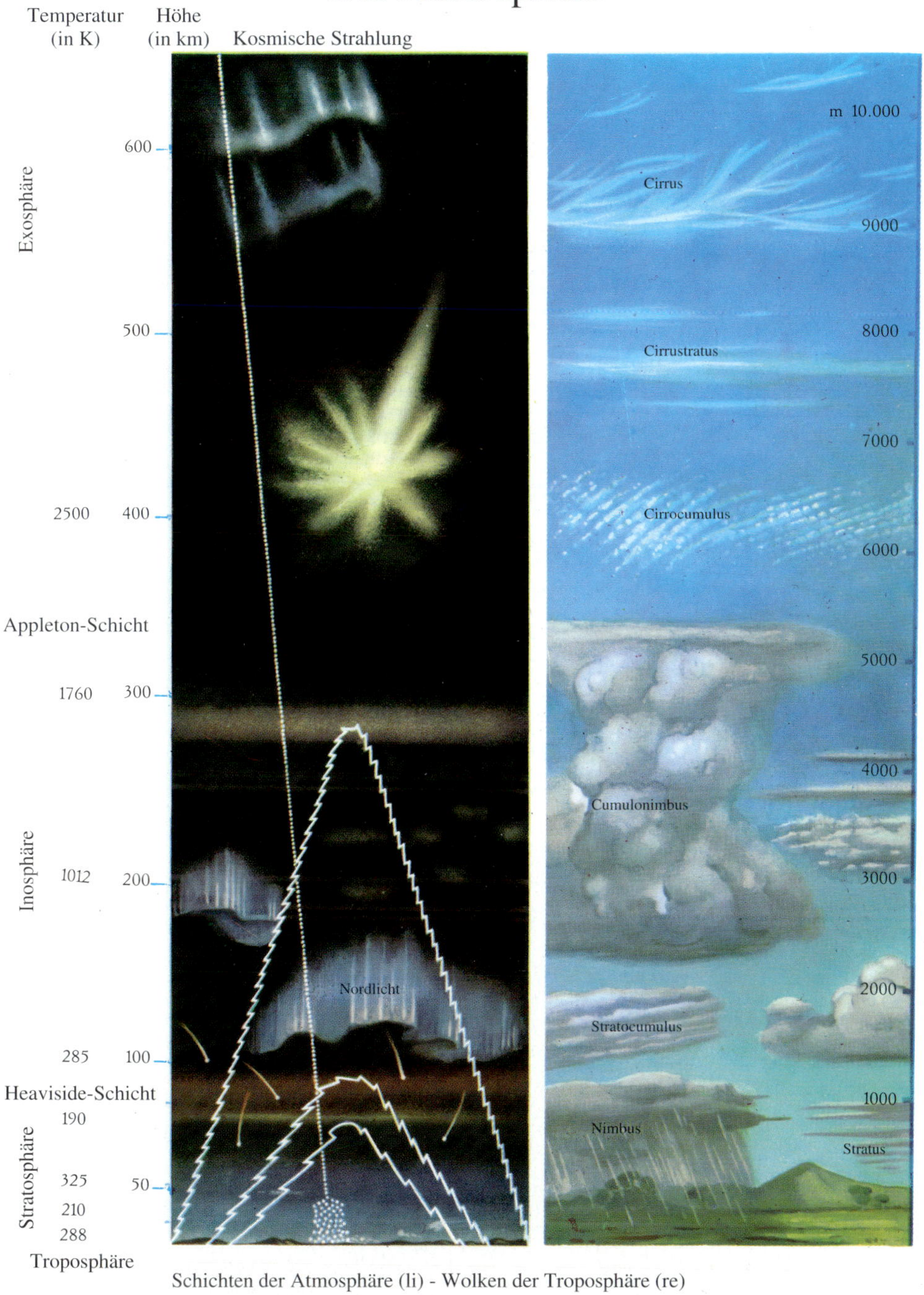

Schichten der Atmosphäre (li) - Wolken der Troposphäre (re)

Dichte, die *Antizyklonen*, sowie auf der anderen Seite Zonen niedrigeren Luftdrucks, die *Zyklonen*. Die Luftdruckunterschiede sorgen für die Bewegung der Luftmassen, eine Bewegung, die in Spiralen erfolgt - und zwar von der Zone hohen Luftdrucks mit Schönwetter hin zur Zone niedrigeren Drucks mit häufigen Niederschlägen (d. h. Schlechtwetter).
Wenn warme Luft in größere Höhen aufsteigt, kühlt sie ab, und der in ihr enthaltene Wasserdampf kondensiert; erfolgt diese Kondensation über 0 °C, so bilden sich Wasserwolken, bei Temperaturen unter 0 °C bilden sich Eiswolken. Voraussetzung für diesen Vorgang ist das Vorhandensein von winzigen Staubteilchen, den *Kondensationskernen*, an denen der Wasserdampf sich verflüssigen kann.
Diese Staubkörnchen sind in vielen Gebieten reichlich vorhanden - jedoch nur bis in eine Höhe von 4 km; dies erklärt auch, warum es in der Stratosphäre keine Wolken gibt.
Von großer Bedeutung für das Wettergeschehen sind jene Bereiche, in denen verschieden warme Luftmassen aufeinandertreffen. Im Falle einer *Kaltfront* schiebt sich die Kaltluft unter die Warmluft und hebt diese an.
Dabei entstehen mächtig aufgetürmte Haufenwolken (Cumulonimbus), es kommt in der Folge zu schauerartigen, mitunter heftigen Niederschlägen sowie zu Gewittern. Im Fall einer *Warmfront* wiederum gleitet die Warmluft auf die Kaltluft auf, es bilden sich Schichtwolken, wobei die Niederschläge zumeist nicht allzu heftig, dafür aber länger anhaltend sind.

Die Luftzirkulation auf der Nordhalbkugel

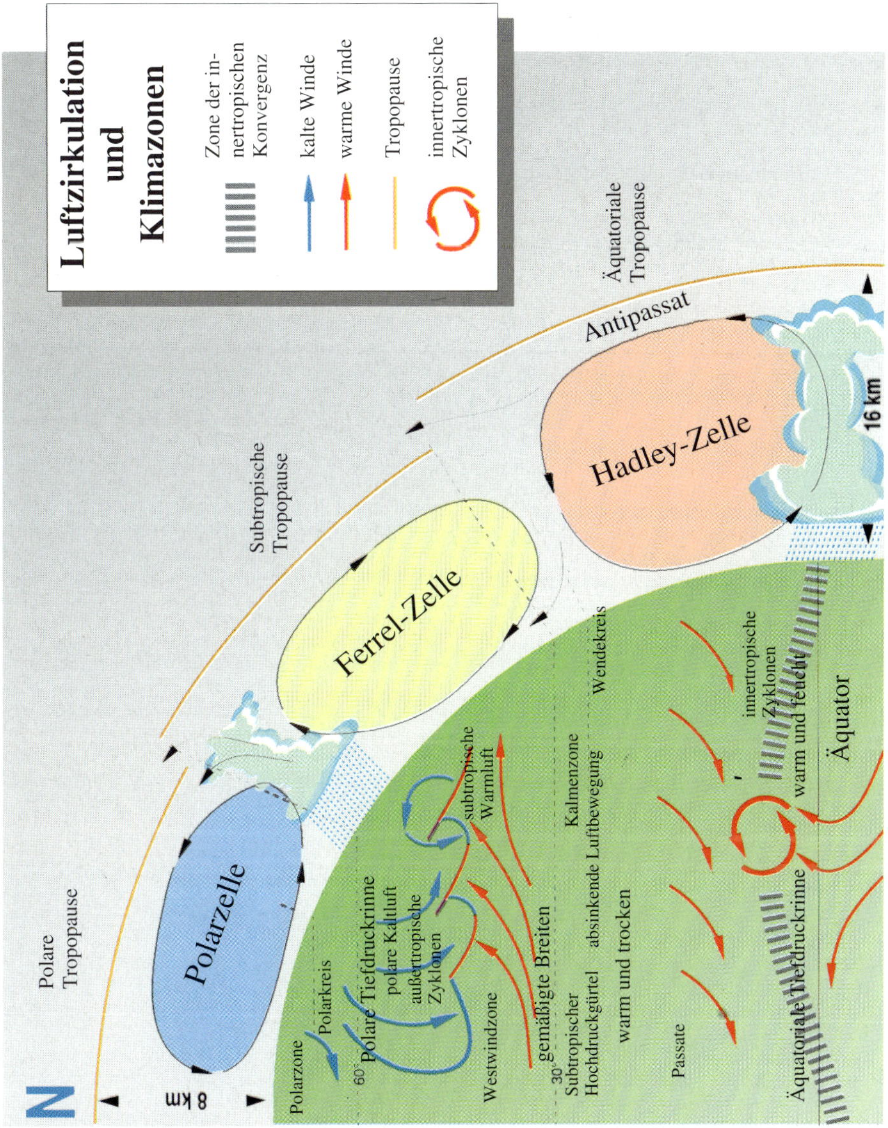

Bewegung der Luftmassen auf der Nordhalbkugel

Fossile Brennstoffe

Die Entstehung der Kohle

Es gibt drei Arten von fossilen Brennstoffen: feste (Kohle), flüssige (Erdöl) und gasförmige (Erdgas). Die Kohle ist schichtweise zwischen den Sedimenten eingelagert. Diese Kohleschichten (Flöze) haben sich durch chemische Umwandlung aus verschiedenen Pflanzenresten gebildet, die im Sumpf versunken und daher nicht vollständig zersetzt worden sind (→ a-f).

Man unterscheidet folgende Arten von Kohle: *Torf*, *Braunkohle*, *Steinkohle* und *Anthrazit*. Die Unterscheidung erfolgt hauptsächlich nach dem Grad der Umwandlung bzw. nach dem Kohlenstoffanteil der Umwandlungsprodukte.

Als *Torf* bezeichnet man die am wenigsten umgewandelte, die beginnende Kohle. Es ist dies eine dunkelbraune bis schwarze, schlammartige Masse, in der noch Reste von Torfmoosen, Baumstrünken usw. zu erkennen sind. Torf entsteht in Moor- und Sumpfgebieten aus den halb zersetzten Resten abgestorbener Vegetation. Voraussetzung für die Torfbildung ist stagnierendes Grundwasser, so daß die Pflanzen nicht zersetzt werden können.

Braunkohle ist viel kompakter als Torf; sie ist von brauner bis schwarzer Farbe und fester, holzartiger Struktur. Die meisten Braunkohlelager sind im Mesozoikum bzw. aus den Nadel- und Laubwäldern des Tertiär entstanden.

Steinkohle ist zumeist schwarzglänzend und kompakt, wobei ihre Struktur keinerlei Hinweise auf Pflanzenreste aufweist. Steinkohle hat sich großteils im Paläozoikum (Karbon) gebildet, einige Lagerstätten stammen jedoch auch aus dem Mesozoikum und dem Tertiär.

Anthrazit ist von schwarzglänzender Farbe, sehr hart, kompakt und zeigt einen muscheligen Bruch. Anthrazit hat sich hauptsächlich aus Ablagerungen des Karbons gebildet.

Steinkohle und Anthrazit weisen einen höheren Kohlenstoffgehalt und einen größeren Anteil an flüchtigen Bestandteilen auf als Braunkohle und Torf, was sich auch in einem höheren Heizwert niederschlägt. Noch günstiger als ein hoher Kohlenstoffgehalt wirkt sich allerdings ein hoher Wasserstoffgehalt auf den Heizwert aus, weshalb auch Erdöl und Erdgas einen bedeutend höheren Heizwert aufweisen als Kohle.

Kohle ist aus abgestorbenen Pflanzen entstanden, die - im Fall der Steinkohle - von den Farn- und Schachtelhalmwäldern der Karbonzeit geliefert wurden. Das kohlendioxidreiche Milieu des Karbons ermöglichte zusammen mit dem feucht-warmen Klima einen außergewöhnlich üppigen Pflanzenwuchs. Die Sumpfwälder waren in Senken zu finden, die sich im Zuge von Gebirgsbildungen immer mehr absenkten. Durch den Anstieg des Wasserspiegels starben die Wälder schließlich ab und versanken im Sumpf, wo die Pflanzenreste unter anaeroben Bedingungen, d. h. unter Luftabschluß, durch bestimmte Bakterien und Pilze zersetzt wurden.

Bei diesem chemisch-biologischen Prozeß, der als *Inkohlung* bezeichnet wird, werden die Pflanzenbestandteile Zellulose, Lignin und Proteine vorwiegend mikrobiell unter Bildung von bräunlichen kolloidalen Humusstoffen (Huminsäuren) abgebaut. Der auf diese Weise gebildete Torf wird in der Folge von Sedimenten überlagert, so daß der Belastungsdruck zu einer teilweisen Entwässerung führt. Die Weichbraunkohle, die durch diesen Vorgang entsteht, wandelt sich nun im Laufe der Zeit durch die Einwirkung erhöhter Temperaturen unter Verlust von CO_2 und Methan (CH_4) zu Hartbraunkohle bzw. zu Steinkohle und Anthrazit um. Dieser Vorgang ist mit einer ständigen Anreicherung von Kohlenstoff verbunden.

Die großen Kohlevorkommen sind an genau den Stellen zu finden, an denen sich auch der ihnen zugrundeliegende Wald befand. Diese *autochthone* Bildungsweise ist daran erkennbar, daß in den Kohlenflözen noch Baumstrünke und Wurzelreste zu finden sind. Die auf diese Weise entstandenen Kohlebecken, wie z. B. jene in Nordfrankreich, zeigen den charakteristischen Schichtaufbau, der auch den Verlauf der Entstehung einer Kohlenlagerstätte widerspiegelt: die abgestorbenen und versunkenen Wälder werden von einer Sedimentschicht bedeckt, auf der sich neue Vegetation bilden kann, die wiederum versinkt, usw. Daß dieser Vorgang an einer Lagerstätte wieder und wieder abgelaufen ist, macht schließlich ihre wirtschaftliche Bedeutung aus.

Die Entstehung von Erdöl

Neben Kohle und Uran ist Erdöl eine der wichtigsten Energieressourcen unseres Planeten.

Erdöl ist ein Gemisch aus festen, flüssigen und gasförmigen Kohlenwasserstoffen; je nachdem, welche Komponente überwiegt, kommt es in mehr oder weniger flüssiger Form vor.

Durch Destillation kann aus Erdöl eine Reihe verschiedener Industrieprodukte gewonnen werden, wie etwa Leichtöl, Schweröl, Benzin, Vaselin, Paraffin, Alkohol, Asphalt, Grundstoffe für Kosmetika, Pharmazeutika, Kunststoffe usw.

Seit der Entdeckung des Erdöls hat sich die Geologie sehr ausführlich mit seiner Entstehung beschäftigt, dabei aber stets auch versucht, die Größe der Lagerstätten - und damit deren wirt-

Entstehung der Kohle

a) Der Sumpfwald ...

b) versinkt ...

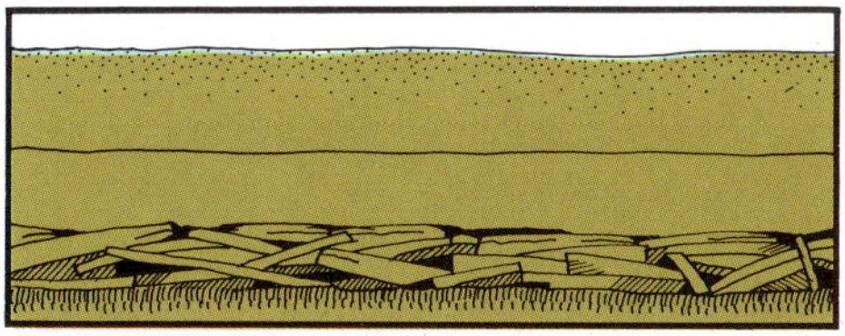

c) ...und wird mit Sedimenten bedeckt.

d) Ein neuer Wald entsteht

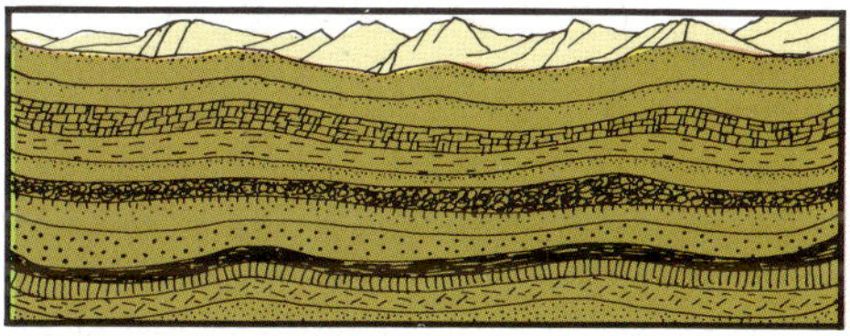

e) Kohleschichten aus mehreren Sumpfwaldgenerationen

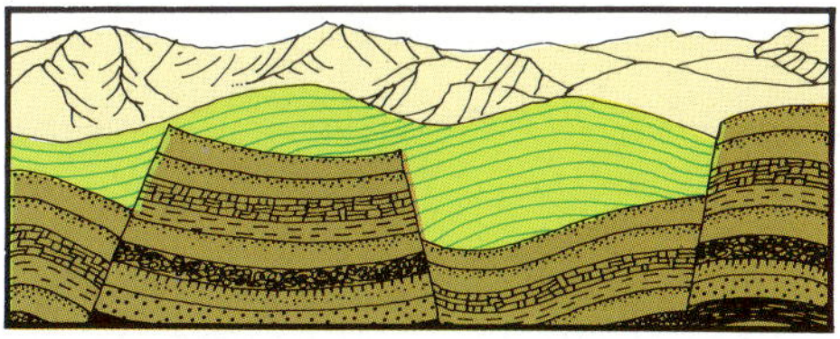

f) Formung der Lagerstätte durch verschiedene tektonische Prozesse

Von den Wäldern des Karbons zur Kohle: Das Pflanzenmaterial versinkt im Sumpf und wird unter Luftabschluß abgebaut; damit verbunden ist eine kontinuierliche Anreicherung von Kohlenstoff: die Kohle entsteht.

schaftliche Bedeutung - zu erkunden. Es gilt mittlerweile längst als erwiesen, daß Erdöl aus der Umwandlung riesiger Mengen von Überresten tierischer und pflanzlicher Art hervorgegangen ist, wie sie in den dafür notwendigen Größenordnungen nur im Meer vorhanden sind. Das Ausgangsmaterial stammt also von mikroskopisch kleinen Lebewesen, dem Plankton.
Erdöl bildet sich in *Meeresbuchten ohne Wasserzirkulation*, in denen besonders viel Plankton produziert wird.
Die abgestorbenen Organismen sinken ab und verwesen, wobei der Sauerstoff des Wassers verbraucht wird. Auf diese Weise entsteht eine sauerstofffreie Tiefenzone. Sobald das organische Material in diesen Bereich abgesunken ist, wird die Verwesung gestoppt, und die nur teilweise zersetzten Proteine, Kohlehydrate und Fette lagern sich am Grund zusammen mit anorganischen Sedimenten (Schlamm) ab; dieses Gemenge aus Resten von Organismen, die unter anaeroben Bedingungen abgebaut werden, und den abgesunkenen Tonteilchen wird Faulschlamm genannt.
Die kettenförmigen Kohlenwasserstoffe flüssiger und gasförmiger Art, die sich durch diese Vorgänge bilden, sind in dem aus Ton bestehenden *Muttergestein* eingeschlossen. Durch den Druck der überlagernden Deckschichten wird das Erdöl aus dem Ton herausgepreßt und tritt in andere, aus Sand oder Kalk bestehende Sedimentschichten ein. Der Sandstein (bzw. Kalkstein), dessen Hohlräume das Erdöl ausfüllt, wird als *Speichergestein* bezeichnet. Im Zuge dieser Migration des Erdöls erfolgt zumeist eine Trennung nach der Dichte und Viskosität in Erdwachs, Ölwässer, Schweröl, Leichtöl und Erdgas in Form einer Gaskappe.
Voraussetzung für die Bildung von Lagerstätten ist das Vorhandensein von sogenannten *Erdölfallen*, d. h. natürlichen Speicherräumen, in die das Erdöl zwar eindringen, aus denen es aber nicht mehr entweichen kann.
Von großer wirtschaftlicher Bedeutung sind zumeist jene Erdöllagerstätten, die sich in Faltensätteln (Antiklinalen) gebildet haben.
Die Suche nach Erdöl (Prospektion) ist ein aufwendiges und höchst kostspieliges Unterfangen. Heute ist man soweit, daß bereits bei 20 bis 25% der durchgeführten Sondierungen ergiebige Lagerstätten entdeckt werden. Mit Hilfe von modernsten Sondierungsmethoden ist es heute sogar möglich, in Tiefen von bis zu 7000 m vorzudringen. Große Lagerstätten wurden immer wieder bei Probebohrungen im Meer entdeckt. Erdöl kann grundsätzlich in allen großen Sedimentschichten der Erde vermutet werden; zuletzt hat die Erforschung der Schelfgebiete, jener Übergangszonen zwischen Küste und Tiefsee, sehr positive Ergebnisse gebracht. In diesem Bereich, wo sich 90% aller von den Kontinenten in die Ozeane transportierten Materialien anhäufen, wird mit noch unentdeckten riesigen Erdölvorkommen gerechnet.
Die größten Lagerstätten befinden sich im Nordseeraum, dem europäischen Teil Rußlands, Nordamerika, Venezuela sowie selbstverständlich auf der Arabischen Halbinsel und in der Sahara.

Erdöl

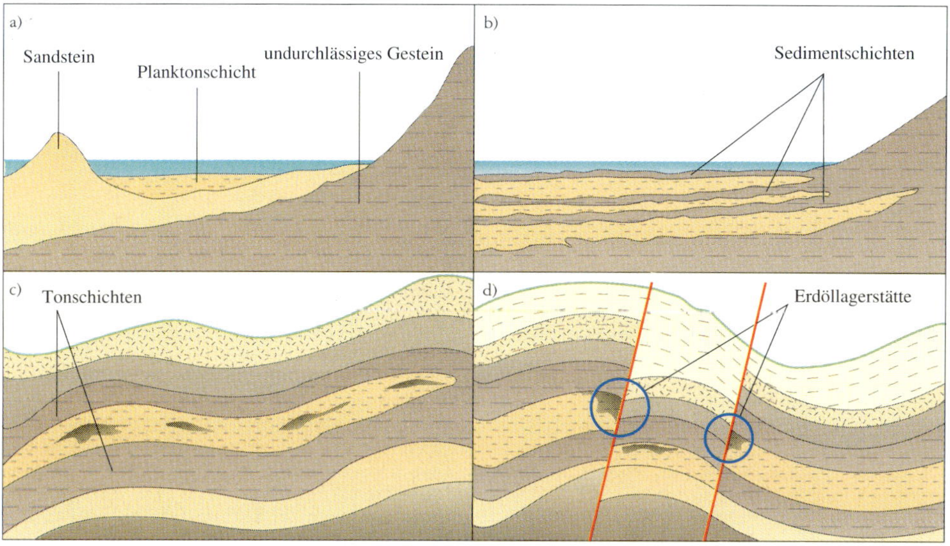

Vom Plankton zum Erdöl: die verschiedenen Phasen der Erdölbildung in einer Küstenlagune

Erdöl besteht aus riesigen Mengen umgewandelter Meerestier- und -pflanzenreste.
Die Bedingungen, unter denen sich eine Lagerstätte bildet, werden von Aufbau und Struktur des umliegenden Gesteins bestimmt.

Die Geschichte der Erde

In den allermeisten Theorien, die den Verlauf der Erdgeschichte darzustellen versuchen, dürfte Einigung darüber herrschen, daß die Erde einmal eine flüssige Phase durchschritten haben muß, nach deren Abkühlung sich erst die Kontinente bildeten.

Wie jedoch die Materie zu jenen Strukturen fand, die für den Aufbau und die Entwicklungsgeschichte unseres Planeten bestimmend waren - darüber läßt sich nur spekulieren. Schon allein die oberste Schicht der Erde, die Oberkruste oder kontinentale Kruste (wegen ihres Reichtums an Silizium- und Aluminiumverbindungen auch Sial genannt), stellt uns vor eine ganze Reihe von offenen Fragen, deren Beantwortung heute eher von einer gründlicheren Erforschung des Kosmos und seiner Entwicklungsgeschichte als von der bloßen Beobachtung geologischer Vorgänge zu erwarten ist. Spätestens seit sich auf der Oberfläche der Erde Wasseransammlungen gebildet haben, muß es wohl auch eine Erdkruste gegeben haben, die von Anfang an dem unentwegten Kreislauf von Abtragung, Sedimentation und Gebirgsbildung ausgesetzt war. All die mit diesem Kreislauf einhergehenden Umwandlungsprozesse sind es, die die Geschichte unseres Planeten ausmachen und die deshalb Gegenstand der historischen Geologie sind.

Ein Grundproblem, das sich in diesem Zusammenhang stellt, ist die Datierung der verschiedenen Gesteine der Erdkruste, d. h. die Frage nach dem Alter der einzelnen Schichten. Antwort darauf können die verschiedenen Stoffe geben, die an der Zusammensetzung einer Schicht beteiligt sind und die sich bestimmten Epochen zuordnen lassen; Anhaltspunkte dieser Art werden als *lithologische Merkmale* einer Ablagerung bezeichnet. Zusätzliche Aufschlüsse liefert die Paläontologie, die sich mit dem Leben der Vorzeit befaßt; da nämlich die einzelnen Schichten zumeist auch Reste von mittlerweile ausgestorbenen Pflanzen- und Tierarten enthalten, lassen sich durch die Altersbestimmung dieser Fossilien wichtige Rückschlüsse auf das Alter einer Gesteinsschicht ziehen.

Auf der Grundlage sowohl der lithologischen als auch der paläontologischen Merkmale, die in dem Begriff *Fazies* (= Gesamtcharakter eines Gesteins) zusammengefaßt werden, kann nun die zeitliche Zuordnung der einzelnen Schichten vorgenommen werden.

Wenn jedoch die Gesteine keine fossilen Reste enthalten, greift man zur Bestimmung ihres absoluten Alters auf physikalische Methoden zurück; hierbei stützt man sich auf den radioaktiven Zerfall natürlicher α, β und γ-Strahler in Sediment- bzw. Erstarrungsgesteinen. Ausgehend von der Halbwertszeit bestimmter radioaktiver Elemente (jener Zeit, in der die Hälfte der radioaktiven Substanz zerfällt) lassen sich Rückschlüsse auf das Alter der Gesteinsschicht ziehen.

Die *Stratigraphie* ist jene Wissenschaft, die sich mit der zeitlichen Zuordnung der verschiedenen Gesteinsschichten befaßt, einschließlich der Veränderungen und Umwandlungsprozesse, denen sie im Laufe der Erdgeschichte ausgesetzt waren. Ihr Ziel ist es, die Gestalt der Erdoberfläche in den einzelnen erdgeschichtlichen Epochen zu rekonstruieren. Die Ergebnisse der Stratigraphie stellen somit eine wesentliche Voraussetzung für die Erforschung der Erdgeschichte dar.

Präkambrium (Erdfrühzeit)

Diese erdgeschichtliche Ära reicht bis zum Auftreten der ersten Gesteine, die fossile Reste in einer Form enthalten, die es ermöglicht, das Alter der Gesteinsschicht zu bestimmen. Erst in jenen Schichten, die nicht älter als 600 Millionen Jahre sind (d. h. ab dem Kambrium), ist plötzlich eine weltweite Verbreitung von Fossilien in den Sedimenten festzustellen. Auch wenn die präkambrischen Schichten keine fossilen Reste aufweisen, so steht doch außer Zweifel, daß auch in jener Frühzeit die Erde bereits von Lebewesen bewohnt war; die Kalkablagerungen dieser Schichten belegen dies ebenso wie die Tatsache, daß die Trilobiten, die im Kambrium erstmals auftauchten, bereits komplexere Organismen darstellen. Es müssen also bereits davor, im Präkambrium, erste einfache Lebensformen existiert haben.

Die ältesten Gesteinsformationen dürften, so meint man heute, vor rund 4 bis höchstens 5 Milliarden Jahren entstanden sein. Folglich erstreckt sich die Erdfrühzeit über einen Zeitraum, der siebenmal so lange gedauert hat wie die gesamte nachfolgende Erdgeschichte bis zur Gegenwart. Unser Wissen über diesen Zeitraum ist allerdings sehr bruchstückhaft: die wenigen von Umwandlungsprozessen verschont gebliebenen Gesteinsbildungen aus jener Vorzeit lassen sich kaum zu einem aussagekräftigen Gesamtbild der damals herrschenden Bedingungen zusammenfügen.

Der älteste uns bekannte Gebirgsbildungsprozeß, die *laurentische Gebirgsbildung*, betraf vor allem Nordamerika, Grönland und Schottland. Die *algonkische Gebirgsbildung* bildete Gesteinsschichten, in denen bereits Spuren von Fossilien entdeckt wurden. Schließlich ist noch die *assyntische Gebirgsbildung* zu nennen, die vor rund 800 Millionen Jahren einsetzte und deren Auswirkungen von Nordamerika über Schottland und Skandinavien bis nach Finnland reichten.

Geschichte der Erde

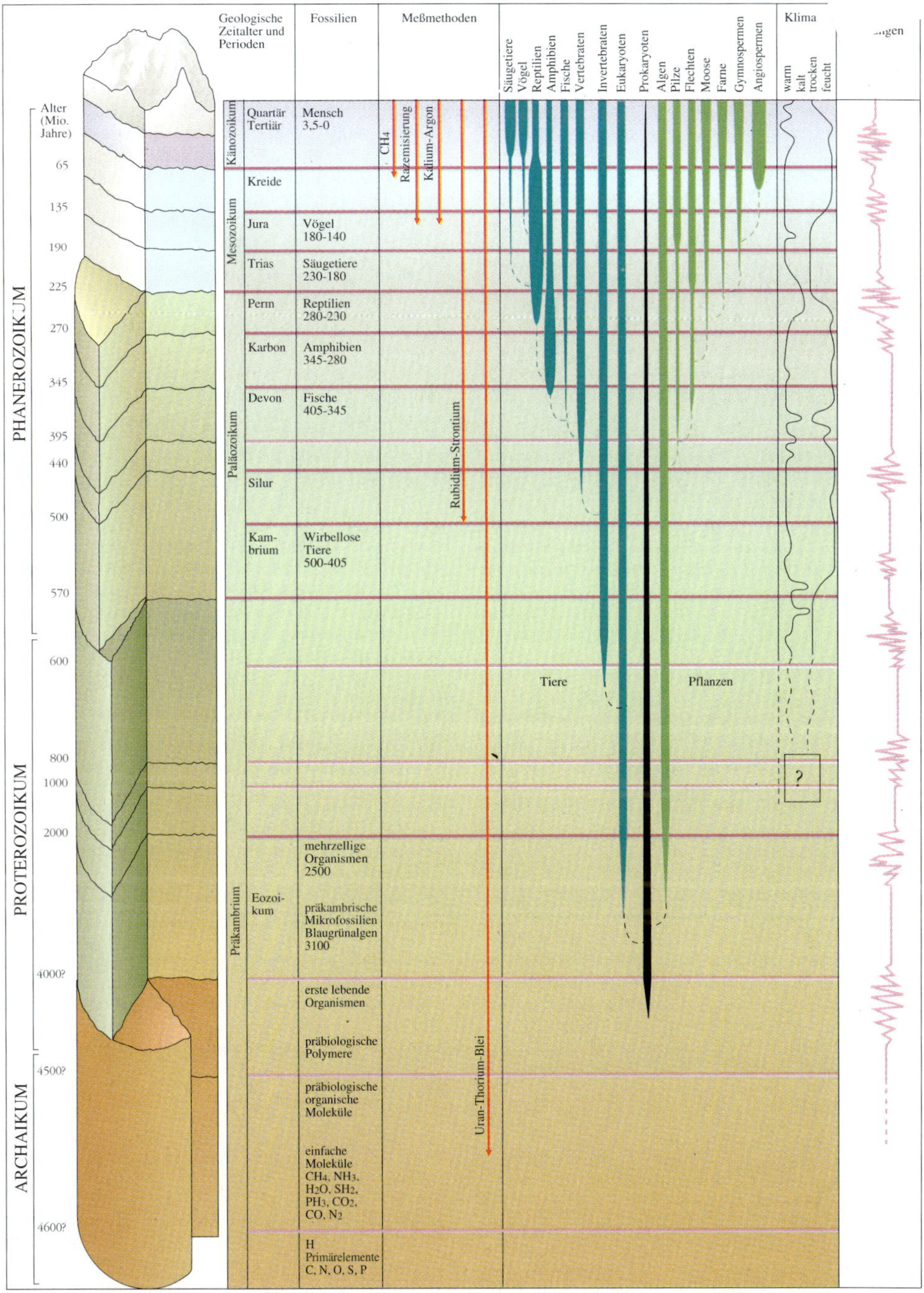

Paläozoikum (Erdaltertum)

Im Kambrium, der ersten Periode des Paläozoikums, werden die alten, im Präkambrium entstandenen Kontinentalblöcke vor allem von feineren tonigen Sedimentschichten überlagert, während die Sedimente der Meeresregionen vom sprunghaften Erscheinen fast aller Hauptgruppen des Tierreichs (außer den Wirbeltieren) künden. Vor allem Radiolarien, Brachiopoden, Schnecken, Würmer und Trilobiten sind im Kambrium bereits vertreten.

Charakteristisch für diese Periode ist die Überflutung kontinentaler Bereiche (Transgression), was sich im Vorhandensein mariner Fossilien in den kontinentalen Sedimentschichten widerspiegelt. Das wichtigste Fossil dieser Zeit sind die Trilobiten; solche *Leitfossilien* stammen von Lebewesen, die zwar weit verbreitet waren, dabei aber nur über einen vergleichsweise kurzen Zeitraum ohne Änderung ihres Aussehens existiert haben. Sie weisen also eine große horizontale, jedoch nur eine geringe vertikale Verbreitung auf. Somit sind die Zeiträume, denen solche Leitfossilien bzw. die Sedimentschicht, in der sie auftreten, zuzuordnen sind, vergleichsweise kurz, was eine Gliederung der Gesteine nach ihrem Alter, d. h. eine Bestimmung ihres relativen Alters, ermöglicht. Besonders bemerkenswert an der Meeresfauna des Kambriums ist jedoch, daß in ihr - außer den Wirbeltieren - bereits alle Hauptgruppen vertreten sind.

Während im Silur das Meer besonders in Nordamerika und auf dem Südkontinent weiter an Boden gewinnt, werden gegen Ende der Periode infolge der kaledonischen Gebirgsbildung wieder weite Gebiete landfest. Zwischen dem Nord- und Südkontinent erstreckt sich die Tethys, das zentrale Ur-Mittelmeer. Als Leitfossil des Silurs gelten die Graptolithen. Besonders bemerkenswert ist jedoch, daß zu dieser Zeit auch die ersten Wirbeltiere, allen voran Panzerfische, in Erscheinung treten. Gegen Ende dieser Periode entsteht am Höhepunkt der kaledonischen Gebirgsbildung eine mächtige Gebirgskette, deren Reste auch heute noch in Schottland und Skandinavien vorhanden sind. Dieser Gebirgszug verbindet die beiden kontinentalen Blöcke aus dem Präkambrium, den Baltischen Schild und die Nordatlantische Masse, zum sogenannten Old-Red-Kontinent.

In der darauffolgenden Periode, dem Devon, tauchen die ersten Landpflanzen auf, darunter die bereits ausgestorbenen Pteridospermen, die im Karbon den Höhepunkt ihrer Entwicklung erreichen sollten. Gegen Ende des Devons erscheinen auch die ersten Übergangsformen von den Fischen zu den Amphibien.

Währenddessen wächst der Artenreichtum der marinen Fauna weiter; die Brachiopoden (Armfüßer) stehen auf dem Höhepunkt ihrer Entwicklung. Die ersten Ammoniten tauchen auf, und die Korallen beginnen ihre mächtigen Kalkriffe aufzubauen.

Die Ozeane, die nun von den Fischen beherrscht werden, überfluten fast alle Kontinente, insbesondere Nordafrika und Südamerika - eine Überflutung, wie sie sich bereits im Kambrium ereignet hatte und sich später, in der Kreidezeit, noch einmal wiederholen sollte. Zu dieser Zeit entsteht durch die variszische oder herzynische Gebirgsbildung eine mächtige Gebirgskette, die für die Gestalt des zukünftigen Europa von großer Bedeutung sein sollte. Die Reste dieser Gebirgsbildung sind heute im Schwarzwald ebenso zu finden wie in den Vogesen, den Ardennen sowie weiter südlich von den Pyrenäen bis zu den alpinen Zentralmassiven. Dieses Gebirgsmassiv von einstmals enormen Ausmaßen leitete also die Entwicklung des europäischen Kontinents in seiner heutigen Form ein - eine Entwicklung, die vor rund 260 Millionen Jahren unabhängig vom asiatischen Kontinent erfolgte; erst 50 Millionen Jahre später sollte es am Ural zur Verschmelzung der beiden Kontinente kommen.

Mit dieser Gebirgsbildung ist eine Ausdehnung der Festlandräume auf Kosten der Ozeane verbunden, die während der Karbon-Periode in ständiger Regression begriffen sind. An den Küsten bilden sich häufig Lagunen, an denen sich riesige Wälder aus Schuppenbäumen, Farnen, Schachtelhalmen sowie den ersten Gymnospermen ausbreiten. Aus diesen Wäldern sind die großen europäischen Steinkohlevorkommen entstanden. Die Kohlenbildung erfolgte generell in sinkenden Zonen, und zwar einerseits in den sogenannten paralischen (d. h. im Küstenbereich gelegenen) Kohlebecken, wie z. B. in England, Frankreich, Belgien oder im Ruhrgebiet) und andererseits in den intramontanen Becken.

Im Karbon treten mit den Amphibien die ersten Landwirbeltiere auf; ein weiterer Schritt zur

Paläozoikum

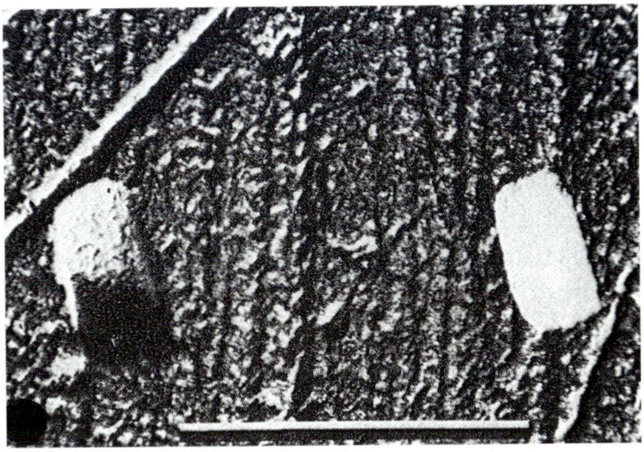

1. Fossile Zelle (Maßstab: 4 cm = 1 Mikron)

2. Trilobiten

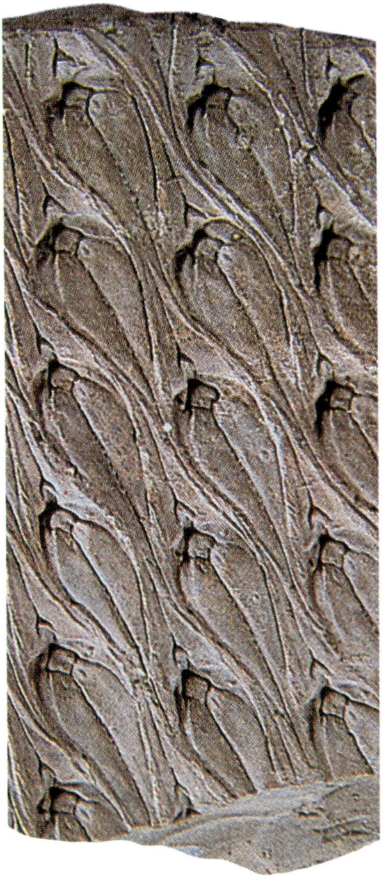

3. Fossiler Abdruck des Stammes einer Farnpflanze

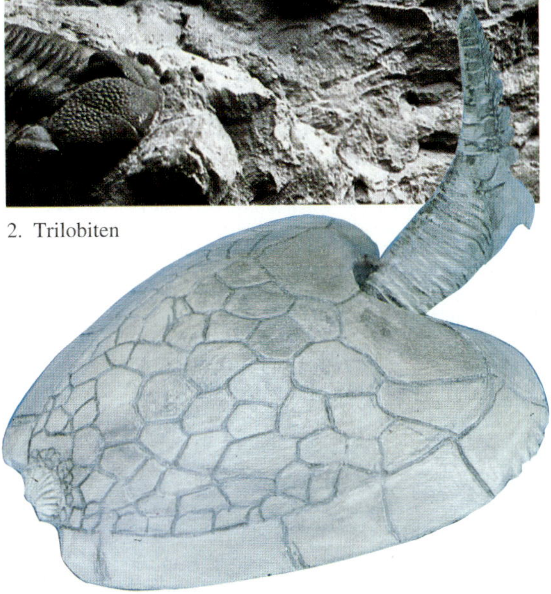

4. Fossiler Vertreter der Calcicordaten, die zwischen 550 und 370 Millionen Jahren gelebt haben

5. Fossiler Fisch

Eroberung des Landes vollzieht sich im späten Karbon mit dem Auftauchen der Reptilien, der ersten Wirbeltiere, die ihre Eier auf dem Land ablegen. In den Wäldern beginnen sich die Insekten auszubreiten, wobei die ersten geflügelten Vertreter bereits dabei sind, auch den Luftraum zu erobern.
Es ist eine Zeit der krassen klimatischen Gegensätze: während im Norden feuchtwarmes Klima herrscht, ist der Süden durch kaltes Klima mit ausgeprägter Inlandvereisung gekennzeichnet. Während der letzten Periode des Paläozoikums, dem Perm, ist die variszische Gebirgsbildung im Abklingen begriffen; es erfolgt eine Abtragung des Gebirgsreliefs durch weitgehende Erosion der Gebirgskette und die damit verbundene Beckensedimentation.
In dieser Zeit verschwindet die westsibirische Senke, es kommt zur Auffaltung des Uralgebirges - ein Prozeß, der Europa und Asien zu *einem* großen Kontinentalblock zusammenschweißt.
Auf dem nordatlantischen Block ereignet sich im Perm ein mächtiger Gebirgsbildungsprozeß, der zur Entstehung der Appalachen führt. Währenddessen sind auf der Südhalbkugel auf dem riesigen Kontinent Gondwana jene Gebiete vereint, aus denen später Afrika, Indonesien, Australien sowie Teile Südamerikas und der antarktische Kontinent hervorgehen sollten.

Mesozoikum (Erdmittelalter)
Im Vergleich zum Paläozoikum ist die nun folgende erdgeschichtliche Ära, deren Beginn rund 200 Millionen Jahre zurückliegt, von keinen größeren gebirgsbildenden Prozessen geprägt, was eine rasche Entwicklung des Lebens auf der Erde begünstigt. Dennoch entstehen auch in dieser Ära mächtige Gebirgsketten, wie etwa die Rocky Mountains und die Anden, während sich in Europa die alpidische Geosynklinale bildet, jene riesige Mulde, aus der schließlich die großen Gebirgszüge des Tertiär - insbesondere die Alpen - hervorgehen sollten.
In der Fauna des Erdmittelalters nehmen die Reptilien eine vorherrschende Rolle ein. Sie sind entweder Meeresbewohner, wie die Ichthyosaurier, leben auf dem Land, wie die Dinosaurier, oder erobern den Luftraum, wie die im Jura auftauchenden Flugsaurier. Ebenfalls im Jura erscheinen die ersten Vögel, und auch die Säugetiere sind bereits durch einige kleinwüchsige Arten vertreten. In den Meeren erleben Ammoniten und Belemniten eine Blütezeit. In der Pflanzenwelt sind die Schuppenbäume verschwunden, und die nacktsamigen Pflanzen haben, vor allem mit den Nadelhölzern, die Vorherrschaft erlangt - eine Situation, die sich erst ab der Kreidezeit, mit dem Auftreten der bedecktsamigen Pflanzen, grundlegend ändern sollte.
Im Trias hat Europa mehr oder minder die gleichen Umrisse wie noch im Devon, d. h. es ist noch auf seinen nördlichen Teil beschränkt und grenzt an einen Ozean von der dreifachen Größe des heutigen Mittelmeers. Es bildet sich das Senkungsbecken der Alpen, aus dessen Sedimenten sich im Tertiär schließlich der Gebirgszug selbst entwickeln sollte.
Zu Beginn des Juras setzt eine kontinuierliche Überflutung weiter Landgebiete Europas ein, von der nur der Norden ausgenommen ist. Während dieser Zeit kommt es zur Öffnung des Atlantiks, so daß er nun im Osten bis zum Ärmelkanal und nach Nordirland reicht und die westeuropäischen Küstenlandschaften zu Atlantikküsten macht.
Zwar nähert sich das Europa jener Zeit durch eine vorübergehende Phase der marinen Regression bereits seinen heutigen Umrissen an, doch schon in der Kreidezeit wird es neuerlich überflutet; von dieser Transgression ist nahezu der gesamte Kontinent betroffen, so daß nur der nördliche Teil zur Gänze landfest bleibt. Aus dieser größten Überflutung der Erdgeschichte geht Europa jedoch schon gegen Ende der Kreidezeit wieder in seiner alten, schon im Jura bestehenden Form hervor.

Känozoikum (Erdneuzeit)
Das Tertiär, dessen Beginn rund 70 Millionen Jahre zurückreicht, ist von der rapiden Entwicklung der Säugetiere geprägt. Die Reptilien, noch im Mesozoikum unumschränkte Herrscher über die gesamte Erde, verschwinden weitestgehend, so daß nur noch eine begrenzte Zahl von Arten sich bis in unsere Zeit rettet. Eine der möglichen Ursachen für das Aussterben vieler Arten könnte in dem tiefgreifenden Klimawandel liegen, der sich zwischen der Kreidezeit und dem Eozän, der zweiten Periode des Alttertiärs, allem Anschein nach vollzogen hat und an den sich möglicherweise die größeren Tierarten nicht anpassen konnten.
Das Meer zieht sich im Laufe des Tertiärs in etwa

Mesozoikum

1. Fossiler *Archaeopteryx*, ein geflügelter Saurier, Urahne der Vögel

2. Pflanzenfossil

5. Ameise, in Bernstein konserviert

3. Fossiler Fußabdruck eines Dinosauriers

4. Fossiler Frosch

auf die heutigen Küstenlinien zurück, Transgressionen treten lediglich an den Festlandrändern sowie in kleineren Senkungsgebieten auf. Im Laufe des Alttertiärs erreicht die *alpidische Gebirgsbildung* ihren Höhepunkt. Die Kettengebirgszonen im Süden Europas und Asiens sowie rund um den Pazifik werden ausgepreßt und in Landgebiete umgewandelt. Neben den Alpen entstehen in dieser Zeit noch eine Reihe anderer großer Gebirgsketten, darunter die Pyrenäen, der Apennin, der Kaukasus sowie in Afrika das Atlasgebirge.
In Europa erstreckt sich von England über Nordfrankreich bis Pommern ein epikontinentales Nordmeer, aus dem beispielsweise die fossilreichen Ablagerungen des Pariser Beckens hervorgehen, eines Gebietes, das zunächst nur vorübergehend landfest ist. In dieser Zeit ist England noch mit dem europäischen Festland verbunden, und viele Forscher gehen davon aus, daß damals auch eine Festlandbrücke von Europa über Grönland bis Nordamerika bestanden haben muß.
Im Oligozän dringt das Meer noch einmal über Norddeutschland in das europäische Festland ein, doch diese Phase der Transgression ist von vergleichsweise kurzer Dauer, und Europa kann sich nun endgültig gegen die seit dem Mesozoikum immer wieder einsetzenden Überflutungen behaupten.
Die alpidische Gebirgsbildung erreicht mit starken Deckenschüben ihren Höhepunkt. Dabei wird die ostalpine Masse bis an den Alpennordrand und über die helvetische Zone geschoben, was zur Bildung der Molasse führt, eines Verwitterungsproduktes, das sich in einer tiefen Mulde am Rande des Gebirges ablagert. Das Mittelmeer nähert sich bereits seiner gegenwärtigen Form, nur im Osten reicht es noch über jene Gebiete hinaus, die später vom Kaspischen bzw. Schwarzen Meer eingenommen werden sollten. Während im Miozän das Meer sich nach und nach aus dem nördlichen Teil des Kontinents zurückzieht, setzt nun in Südeuropa eine - wenn auch nicht allzu umfangreiche - Überflutung ein, die sich von der Rhôneebene über die süddeutsche Hochebene bis in den Wiener Raum und in der Folge bis nach Asien erstreckt. Dieser Meeresarm, der auch das *inneralpine Wiener Becken* von Südosten her überflutet, wird jedoch bald vom Weltmeer abgeschnürt und in ein von Wien bis zum Aralsee reichendes Binnenmeer umgewandelt, das sich nach und nach zu mehreren Süßwasserseen zurückbildet. Zu dieser Zeit sind die Alpen noch eine niedere, von Meeresarmen durchzogene Landschaft, die sich erst im Miozän zum Mittelgebirge erhebt, um schließlich gegen Ende des Tertiärs zum Hochgebirge aufgewölbt zu werden.
Im Pliozän, der letzten Periode des Tertiärs, zeigt die Welt der Säugetiere bereits ein Bild, das an die heutige Fauna erinnert; eine bedeutende Rolle spielen Rüsseltiere wie das Mastodon sowie das Hipparion, der Vorläufer unseres Pferdes.

Quartär (Anthropozoikum)

Im Quartär betritt der Mensch die Bühne. Über die Lebensbedingungen sowie die Umstände der geistigen Entwicklung des primitiven Menschen sind wir allerdings auch heute noch völlig im unklaren. Wir wissen nicht viel mehr, als daß offensichtlich an einem bestimmten Punkt der Geschichte des Lebens ein Wesen auftaucht, das aufgrund der in ihm schlummernden Intelligenz zum *Homo sapiens* werden sollte. Doch sich mit diesen Fragen auseinanderzusetzen sind andere Wissenschaften, wie etwa die Anthropologie, eher berufen als die Geologie.
Im Quartär setzt nun eine allgemeine Klimaverschlechterung auf der Erde ein. Im Zuge der starken Abkühlung entstehen mächtige Gletscher und Inlandeismassen, so daß sich die Quartär-Periode in eine Eiszeit (Diluvium, Pleistozän) und eine Nacheiszeit (Alluvium, Holozän) einteilen läßt.
Das Quartär beginnt mit einer Regression des Meeres - ein Prozeß, der bei jeder der vier Eiszeiten zu verfolgen ist, während in den darauffolgenden Warmzeiten die Eisschmelze eine Überflutung mit sich bringt.
Die Fauna des Quartärs erlebt zwar das Aussterben des Hipparions, wird aber durch neue Tierarten bereichert, wie z. B. Pferd, Elefant, Rind und Kamel. Währenddessen tauchen bereits die ersten Hominiden auf.
Schon die erste der vier Vereisungsperioden, die Günzeiszeit, ist durch riesige Gletscher gekennzeichnet, die bis in die Täler und das Vorland reichen, wo sie ihre Moränen ablagern. Die nachfolgende allgemeine Temperaturerhöhung und die damit verbundene Eisschmelze bewirken eine erneute Überflutung der Kontinente.
Die ältesten Funde von Steinwerkzeugen stammen aus dieser Zwischeneiszeit, verwendet wurden sie

Känozoikum

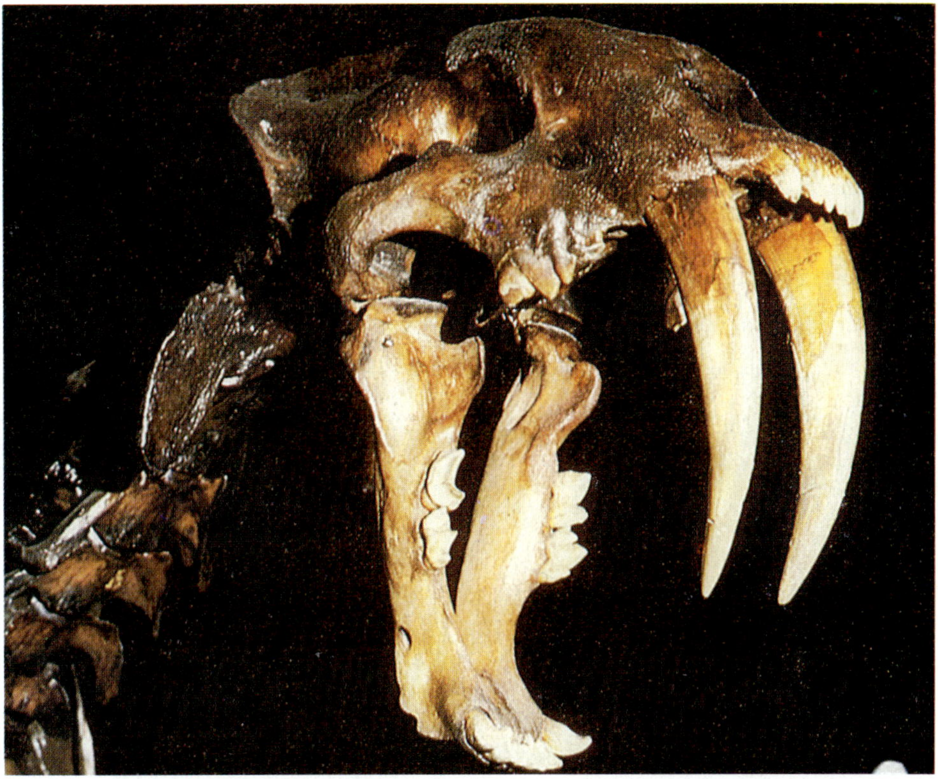

1. Die fossilen Überreste von *Smilodon californicus*, einem gefürchteten Räuber aus der Familie der Säugetiere

2. Fossiler Schädel eines Hirsches mit mächtigem Geweih

wohl vom *Homo erectus heidelbergensis* (Heidelberger Mensch), von dessen Existenz man durch den Fund eines Unterkiefers im Jahr 1908 in Mauer bei Heidelberg erfuhr. Die Fauna, die in dieser Zwischeneiszeit in Europa heimisch war, bestand aus wärmeliebenden Tierarten, die steppenartige Bedingungen gewohnt waren.

Einen besonders krassen Einschnitt für das Leben auf der Erde bedeutete die Rißeiszeit, die ebenfalls ihre Moränen bis weit in den Süden vorschob. In Mitteleuropa wanderten Pinguine ein - mit ihnen kamen auch andere typisch nördliche Tierarten, wie etwa das Mammut, das Wollhaarige Nashorn und das Rentier. In dieser Zeit lebte bereits *Homo neanderthalensis*, der Neandertalmensch, dessen Kultur in Europa während der letzten Eiszeit durch den aus dem Osten einwandernden Altmenschen (u. a. Cro-Magnon-Mensch) verdrängt bzw. abgelöst wurde.

Die erneut einsetzende Erwärmung führt wiederum zu Transgressionen, in deren Verlauf die heutigen Niederlande überflutet werden.

Mit dem Ende der Würmeiszeit beginnt schließlich die nacheiszeitliche Epoche, das Holozän (Alluvium). Die Gletscher ziehen sich zwar vom europäischen Kontinent zurück, doch das Klima ist immer noch sehr kalt, das Rentier bleibt vorerst in unseren Breiten heimisch. Allmählich setzt eine spürbare Erwärmung ein - also jene Bedingungen, in denen riesige Waldgebiete mit einer bis heute im wesentlichen unveränderten Fauna entstehen können.

In diese Zeit, vor rund 50.000 Jahren, dürfen wir auch das Erscheinen des *Homo sapiens sapiens* ansiedeln, der keine nennenswerten Unterschiede mehr zum Menschen unserer Tage aufweist. Die letzte Eiszeit endete bei uns vor ca. 10.000 Jahren.

Den verschiedenen Ablagerungen der Quartärzeit, die aus der Abtragung der großen, im Tertiär entstandenen Gebirgsketten hervorgegangen sind, verdanken wir zu einem nicht geringen Teil die Fruchtbarkeit unserer Tallandschaften. Große Veränderungen in geologischer Hinsicht hat es allerdings in der nacheiszeitlichen Geschichte unseres Planeten kaum gegeben, denn die wenigen tausend Jahre die seither vergangen sind, sind nun einmal geologisch gesehen nicht viel mehr als ein Augenblick.

Quartär

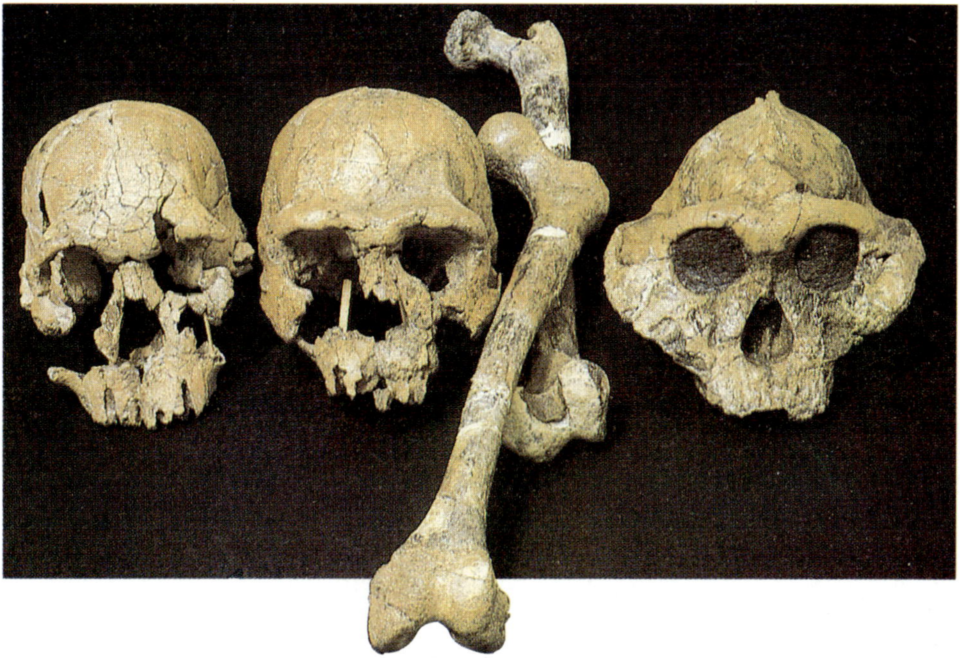

1. Knochenfunde verschiedener Hominiden (von links): *Homo habilis, Homo erectus, Australopithecus*. Diese Vorfahren des Menschengeschlechts lebten vor rund 2 Millionen Jahren.

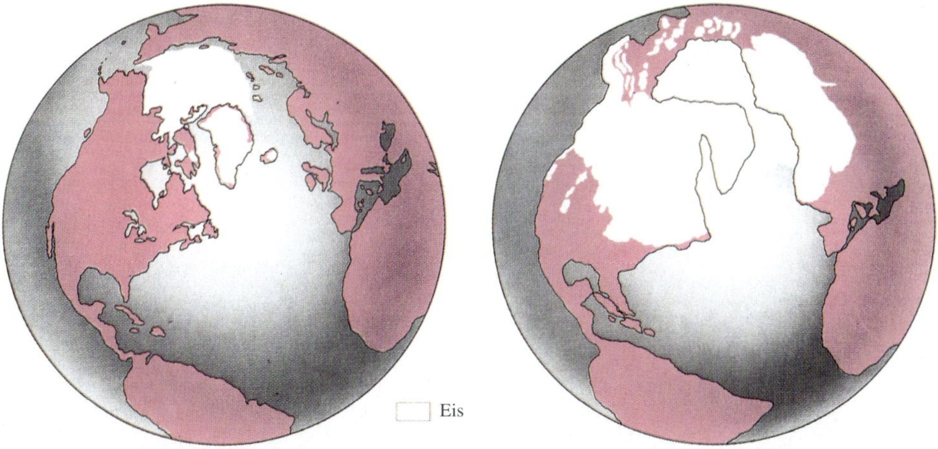

2. Die nördliche Hemisphäre vom Pol aus gesehen heute und vor rund 20.000 Jahren, während der letzten Eiszeit (rechts). Der Meeresspiegel war damals etwa 70 m tiefer als heute, so daß große Teile der Kontinentalplattform, jenes Bereiches, der den Übergang zwischen Land und Meer darstellt, freigelegt waren.

GLOSSAR

Absolute Altersbestimmung auf Basis des radioaktiven Zerfalls - Methode der Bestimmung des physikalischen Alters eines Gesteins, die sich auf den radioaktiven Zerfall bestimmter α- β- und γ-Strahler stützt, deren Halbwertszeit Rückschlüsse auf das Gesteinsalter zuläßt (z. B. die Kalium-Argon-Methode oder die Uran-Blei-Methode).

alkalisch - Bezeichnung von magmatischen Gesteinen und Mineralien, die einen hohen Gehalt an Natrium und Kalium, jedoch kaum Kalzium enthalten.

amorph - (gestaltlos); Eigenschaft von Mineralien, deren Atome nicht in symmetrischer Kristallstruktur angeordnet sind.

Anatexis - Extreme Form der Gesteinsumbildung, die bei ca. 650 °C unter teilweiser Aufschmelzung des Gesteins erfolgt, wobei die ursprüngliche Kristallstruktur zerstört wird.

Antiklinale - aufwärts gerichtete Schichtenbiegung (= höchster Punkt) einer geologischen Falte - auch Sattel oder Gewölbe genannt.

Asthenosphäre - unter der Lithosphäre zwischen 100 und 200 km Tiefe liegende Schicht des Erdmantels, die aus plastischem Material besteht.

Basalt - feinkörniges bis dichtes magmatisches Gestein, das aus dünnflüssiger Lava hervorgeht und ca. 90% aller vulkanischen Gesteine ausmacht.

Batholith - riesiger intrusiver Magmatit-Körper, der sich mit zunehmender Tiefe verbreitert und Durchmesser von mehreren hundert Kilometern erreichen kann.

Becken - weiträumige Eintiefung der Landoberfläche (z. B. Flußbecken); Ablagerungsraum für Sedimente.

Benioff-Zone - Bezeichnung für jene schräg einfallenden Gleitflächen, die bei der »Verschluckung« ozeanischer Lithosphäre im Bereich der Subduktionszonen entstehen und die durch besonders hohe Erdbebenaktivität geprägt sind.

Bruch - Kluft, Spalte oder Verwerfung im Gestein.

Caldera - Vulkankrater von außergewöhnlicher Größe (5-20 km Durchmesser), der entweder durch gewaltige Explosionen oder durch Einsturz leerer Magmenkammern entstanden ist.

Canyon - schluchtartig eingeschnittenes Kerbtal mit fast senkrechten Wänden; entsteht vor allem in Zonen mit geringem Niederschlag (arid oder semiarid).

Canyons, submarine - tiefe Einschnitte im untermeerischen Kontinentalabhang.

Diagenese - die Gesamtheit der chemisch-physikalischen Prozesse, die lockere Ablagerungen zu festem Sedimentgestein umbilden.

Diatrema - vulkanische Durchschlagsröhre, die durch einen explosiven Eruptionsvorgang entsteht und sich mit Auswurfmaterial füllt.

Dichte - Quotient aus Masse und Volumen eines Stoffes; die Einheit der Dichte ist kg/dm^3 (g/mm^3, t/m^3).

Differentiation - 1) Zerfall eines einheitlichen Sedimentationsraumes;
2) **magmatisch** - sukzessive Kristallisation von Mineralien einer magmatischen Schmelze bzw. Aufspaltung eines homogenen Stamm-Magmas in verschiedene Teil-Magmen;
3) **metamorph** - selektive Mobilisierung von Stoffen; erfolgt aufgrund einer Absenkung von heterogenen Gesteinen, so daß sie veränderten Druck- und Temperaturbedingungen ausgesetzt sind.

Diskontinuität - Grenzbereiche zwischen den verschiedenen Zonen des Erdinneren, die durch Geschwindigkeitsänderungen von seismischen Wellen gekennzeichnet sind.
Conrad-Diskontinuität - stellt die Grenze zwischen der oberen (kontinentalen) und der unteren (ozeanischen) Kruste dar.
Gutenberg-Diskontinuität - trennt in ca. 2900 km Tiefe den unteren Erdmantel vom Erdkern.
Mohorovičić-Diskontinuität - bildet die Grenze zwischen Kruste und Mantel.

Dom - kegelförmige geologische Struktur; Beispiele: Salzdome oder vulkanische Staukuppen.

Erdkruste - äußerer Teil der Lithosphäre, der den Erdmantel umhüllt. Während die Erdkruste im kontinentalen Bereich rund 35 km dick ist, erreicht die ozeanische Kruste lediglich eine Stärke von ca. 10 km. Die kontinentale Kruste (Sial), die vorwiegend aus Aluminiumsilikaten besteht, ist weniger dicht als die ozeanische (Sima), die hauptsächlich aus Magnesiumsilikaten zusammengesetzt ist. Die Grenze zum Erdmantel wird durch die Mohorovičić-Diskontinuität gebildet.

Erdmantel - jener Bereich des Erdinneren, der zwischen Kruste und Kern liegt und einerseits von der Mohorovičić-, andererseits von der Gutenberg-Diskontinuität begrenzt wird.

fossil (v. lat. *fossilis* = ausgegraben; wird für erhaltene Teile von Organismen der erdgeschichtlichen

Vergangenheit verwendet) - als Abdruck oder Versteinerung erhalten.

Fossil - versteinerter Überrest von Lebewesen, die vor dem Holozän lebten.

Fossilisation (Versteinerung) - Prozeß, der unter bestimmten physikalisch-chemischen Bedingungen abläuft und extrem lange Zeiträume in Anspruch nimmt. Dabei werden organische durch anorganische Moleküle ersetzt, so daß sich Organismen in anorganische Strukturen umbilden, an denen jedoch die Formen der jeweiligen Organismen erkennbar sind. Im Falle der unvollständigen Fossilisation finden sich in der anorganischen Struktur noch organische Reste.

Gang - jene Mineralien oder Gesteine, die eine Spalte in einem in der Regel älteren Gestein ausfüllen.

Geoid - idealisierte Oberflächenform der Erde, angenähertes Rotationsellipsoid.

Geosynklinale - Bezeichnung für jene Meereströge, die sich im Laufe ihrer Absenkung mit mächtigen Sedimentschichten füllen und die in der Folge eingeengt und zusammengepreßt und schließlich zu Faltengebirgen aufgewölbt werden.

Granit - grobkörniges kristallines magmatisches Gestein, das besonders häufig als Plutonit vorkommt.

Horizont - kleinste Einheit einer geologischen Schicht, gekennzeichnet durch ein charakteristisches Merkmal, wie z. B. ein Leitfossil oder ein bestimmtes Gestein.

Isostasie - bezeichnet das Streben der Erdkruste nach dem Schweregleichgewicht.

Konglomerat - klastisches Sedimentgestein aus abgerundeten Gesteinstrümmern; durch kalkige oder kieselige Bindemittel verkittet und diagenetisch verfestigt.

Konvektionsströmung - Übertragung von Wärmeenergie, die - basierend auf ungleichen Temperaturen - in der unteren Erdkruste bzw. im Erdmantel in Form einer thermischen Ausgleichsströmung vor sich geht.

Krater - 1) kesselförmige Eintiefung, die das obere Ende des Förderweges der Lava, des Schlotes, darstellt; 2) durch Meteoriteneinschlag verursachte Eintiefung.

Kratone - jene Teile der Erdkruste, die im Verlauf der Erdgeschichte von tektonischen Vorgängen weitgehend unberührt geblieben sind und die sich seit jeher durch große Stabilität auszeichnen.

Lithosphäre - äußere, aus Erdkruste und oberem Mantel bestehende Schicht der Erde, die auf einer Schicht von geringerer Materialfestigkeit, der Asthenosphäre, liegt.

magmatisch - Bezeichnung für Gesteine, die durch Kristallisation von Gesteinsschmelzen entstehen; man unterscheidet Intrusivgestein (Plutonit) und Extrusivgestein (Vulkanit).

Metamorphose - Umwandlung von Gesteinen verschiedenen Ursprungs durch tiefgreifende Umgestaltung der mineralischen Zusammensetzung sowie der Textur des Gesteins; hervorgerufen durch Druck- und/oder Temperatureinwirkung.

Mineral - aus einem chemisch einheitlichen Stoff gebildeter, natürlicher Bestandteil der Erdkruste, der in den meisten Fällen eine bestimmte Kristallform aufweist und dem eine ganz bestimmte chemische Formel zugeordnet werden kann.

Orogenese (Gebirgsbildung) - tektonische Prozesse, die zur Entstehung von Gebirgsketten führen.

Platte - Bezeichnung für jene Teile der Erdkruste, auf denen die Kontinente ruhen und die sich aufeinander zu- oder voneinander wegbewegen. Ihre Ränder sind durch besondere seismische, vulkanische und tektonische Aktivität gekennzeichnet.

radioaktive Aufheizung - Wärmeenergie der Erde, die aus dem radioaktiven Zerfall von Kalium-, Uran- und Thoriumisotopen hervorgeht und die auf die oberen Schichten der kontinentalen Kruste beschränkt zu sein scheint.

Refraktion, seismische - Brechung einer Erdbebenwelle; die Auswertung des Strahlenverlaufs ermöglicht Rückschlüsse auf stratigraphische und tektonische Gegebenheiten.

Schwereanomalie (Gravitationsanomalie) - lokale Abweichung des beobachteten Schwerefeldes der Erde.

Spalte - Aufstiegsweg des Magmas bei einem Linearvulkan; allgemein: Bruchstelle im Gestein.

Subduktion - Aufeinandertreffen zweier Platten, wobei eine Platte sich unter die andere schiebt und quasi von ihr »verschluckt"« wird.

Tektonik - jener Teil der Geologie, der Bau und Struktur der Erdkruste erforscht.

Verwerfung - Bruch in der Erdkruste, der eine Verschiebung parallel zur Bruchfläche mit sich bringt.

Verwerfungsbreccie (oder -brekzie) - zermahlene Gesteinstrümmer, welche die bei einer Verwerfung unter Umständen entstehende Spalten ausfüllen.

STICHWORTVERZEICHNIS

DIE ERDE IN ZAHLEN	
Äquatorradius	6.378,388 km
Polradius	6.356,915 km
Meridianumfang	40.009,152 km
Äquatorumfang	40.076,592 km
Fläche	$5{,}1 \times 10^{18}$ cm^2
Volumen	$1{,}083 \times 10^{27}$ cm^3
Masse	$5{,}9742 \times 10^{27}$ g
Mittlere Dichte	5,5 g/cm^3
Schwerkraft	980,655 cm/s^2
Fluchtgeschwindigkeit	11,2 km/s
Atmosphärischer Druck	100 mb
Albedo	0,37
Rotationsperiode (Sterntag)	23,93 Stunden
Umlaufzeit um die Sonne	365,26 mittlere Sonnentage
Geringste Entfernung von der Sonne (Perihel)	$147{,}1 \times 10^6$ km
Größte Entfernung von der Sonne (Aphel)	$152{,}1 \times 10^6$ km
Mittlere Entfernung von der Sonne	$149{,}61 \times 10^6$ km
Exzentrizität der Bahn	0,017
Mittlere Umlaufgeschwindigkeit	29,8 km/s
Neigung der Äquatorebene gegen die Ekliptik	23,4°

Finito di stampare nel mese di marzo 1994 presso Giunti Industrie Grafiche S.p.A. Stabilimento di Prato